插图
升级版

HARVARD EQ

哈佛情商课
有效的高EQ养成法则

曹君丽◎编著

江苏凤凰美术出版社

图书在版编目（CIP）数据

哈佛情商课／曹君丽编著. －－南京：江苏凤凰美术出版社，2019.7（2021.1 重印）
 ISBN 978－7－5580－6317－6

Ⅰ.①哈… Ⅱ.①曹… Ⅲ.①情商－通俗读物 Ⅳ.①B842.6－49

中国版本图书馆 CIP 数据核字（2019）第126883 号

责任编辑　李秋瑶
封面设计　松　雪
责任监印　唐　虎

书　　名	哈佛情商课
编　　著	曹君丽
出版发行	江苏凤凰美术出版社（南京市湖南路1号　邮编：210009）
出版社网址	http：//www.jsmscbs.com.cn
印　　刷	三河市众誉天成印务有限公司
开　　本	880mm×1270mm　1/32
印　　张	6
版　　次	2019 年7 月第1 版　2021 年1 月第3 次印刷
标准书号	ISBN 978－7－5580－6317－6
定　　价	36.00 元

营销部电话　025－58155675
江苏凤凰美术出版社图书凡印装错误可向承印厂调换　电话：010－64215835

前　言

创立于1636年的哈佛大学，300多年来造就了难以计数的精英人物，其中包括8位美国总统、160位诺贝尔奖得主和32位普利策奖获奖者。此外，哈佛大学是全球造就亿万富豪最多的大学，它的商学院被喻为"总经理摇篮"，培养了微软、IBM等一个个商业神话的缔造者。哈佛大学之所以能在文学、思想、政治、科研、商业等方面都培养出灿若群星的杰出人才，是因为它在培养和提高学生的情商方面有着一套独特的方法。

情商是指人在情绪、情感、意志、耐受挫折等方面的品质。本书以哈佛大学在情商方面的成功教学案例为基础，系统而深入地阐述了情商的相关理论，提出了很多可以帮助读者提高情商的具体措施，让读者在轻松的阅读中，犹如徜徉在哈佛大学的文化殿堂，切身感受到情商带给自己的深刻体悟与巨大能量，从而更好地驾驭自己的情绪，把握自己的命运，成就美好的未来。

本书浓缩了百年哈佛在情商方面的精彩教学课程,让广大未能进入哈佛学习的朋友也能领略名校的成功智慧,用世界上最先进、最有效的方法快速提升自己的情商,成为社会精英人物,成就卓越人生。

2019 年 4 月

目　录
CONTENTS

第一课　情商决定命运
情商的价值 / 002
人际交往的能力 / 009
感知他人情绪的能力 / 011
自我激励的能力 / 016
控制自我情绪的能力 / 019
自我认知的能力 / 025

第二课　学会认识自我
情商的核心价值是什么 / 030
另一个旁观的自我 / 032
从他人的眼中看自己 / 036

反省助你破译自我魔镜 / 040

第三课　懂得自我管理
不要轻易发怒 / 046
接受情绪才能管理情绪 / 048
用宽大的胸怀包容他人 / 051
克制愤怒 / 053
乐观才有希望 / 055
坚持就是胜利 / 057

第四课　具备逆境情商
成功路上需要挫折 / 060

压力即动力 / 064

将挫折变为动力 / 066

身处逆境不气馁才能成功 / 069

困难磨炼坚强毅力 / 071

坚持自我就能成功 / 075

保持积极心态 / 078

努力改变困境 / 082

得到荣誉也要不断挑战 / 085

勇于挑战极限 / 087

过好每一天 / 089

绝望中怀有希望 / 092

第五课　学会自我激励

积极心态需从小培养 / 098

进行自我暗示 / 100

不要畏惧逆境 / 102

孤独也会激励自己 / 105

不断挑战自己 / 107

超越自我 / 109

渴望激发斗志 / 111

调和内外 / 113

第六课　努力拓展人脉

人脉是财富 / 116

机遇从人脉来／120
付出真心才有好人脉／124
滴水之恩涌泉报／127
学会团结他人／129
乐于助人／131
为别人着想／133

第七课　掌握沟通技能

沟通秘诀／138
注意眼神／142
倾听他人／146
接电话也应微笑／148

转换思想化矛盾 / 150

沟通使矛盾化解 / 153

沟通是说话的学问 / 157

第八课　培养团队情商

学会分享与合作 / 162

好的人际关系助成功 / 166

学会有效沟通 / 171

求同存异 / 174

注意团队精神 / 176

视同事为朋友 / 178

尊重别人的私人空间 / 181

第一课

情商决定命运

情商的价值

现代成功企业家所具有的风险意识、创新意识、统御意识等无一不与"情商"直接关联。在美国工商界,"智商使人得以录用,情商使人得以晋升"的用人准则早已经深入人心。在现实生活中,高情商的人才(智商有可能并不是很高)取得辉煌业绩的故事同样不胜枚举。

美国有一个企业,专门设置了调查研究部门,该部门组织调查了188个公司高级主管的智商和情商,想了解他们的智商、情商和他们的工作之间的关系。结果很令人震惊,情商的影响力高于智商8倍!也就是说,智商低一点的人,如果拥有很高的情商指数,完全可以获得成功。

社会的节奏越来越快,人们的生活节奏也随之加快,高强度的工作负荷、复杂的人际关系、越来越激烈的竞争,使人们的压力越来越大。只有高智商,应付起来显然力不从心,还要有高情商才不会被社会抛弃。

20世纪70年代中期，美国一家从事保险行业的公司招聘了5000名促销员，并对他们进行了职业培训，人均培训费用为3万美元。谁知雇佣后的第一年，就有一半人辞职，4年后这批人只剩下不到1/5。原因是在推销保险的过程中，推销员要经受屡次被拒的尴尬，许多人在遭受多次拒绝后，便没有勇气再继续做下去。于是，该公司向宾夕法尼亚大学心理学教授马丁·塞里格曼讨教，希望他可以为招聘工作提点建议。接受该保险公司的邀请之后，塞里格曼对该公司15000名新员工进行了两次测试。一次是测试员工的智商，另一次是他创新的测试，测试员工的乐观程度。之后，塞里格曼对这些新员工进行了跟踪研究。在这些新员工当中，有一组人智力测试不及格，但在乐观测试中，他们又是超级乐观主义者。跟踪研究的结果表明，这组人的销售业绩是最好的。第一年，他们的推销业绩比"一般悲观主义者"高出21%，第二年高出57%。从此，塞里格曼的乐观测试成了该公司招聘的必备步骤。

塞里格曼的乐观测试很像情商测验。它表明，在保险公司中能否取得成功在一定程度上与情绪有关。乐观测试可以成功地预测一个人成功的可能性，这有力地支持了情感智商的理论的发展。

在实验的基础上，美国耶鲁大学心理学家彼得·萨洛维和新罕布什尔大学的约翰·梅耶于1991年首次提出了情商这一概念，情商指了解和认识自己和他人的情感，并加以整理分析，为一个人思考和行动提供依据。情商需要依靠其他要素才能表现出来，情商的高低决定一个人的能力（包括智力）能否在原有的基础上发挥到极致，从而取得不同程度的成就。"情商"这一概念的提出，受到心理学界、教育界和企业界的极大关注。不少学校、企业管理人员都尝试着把它运用到实际工作中。"情商"这一概念于20世纪90年代传入我国之后，立刻就引起了人们的关注。

在为航天业培养后备力量的北京航空航天大学，新生的第一学期结束后，将从中挑出1%的优秀生进行专门培养，人数为35名，进入高等工程学院学习。这些学生成立新的班级并统一住宿，直至本科毕业。学生一进入该班，每个人都单独配导师，导师包括院士。选拔出来的尖子生从低年级起就能进入导师的科研队伍和实验室从事科研创新活动。

两年后，学生有两种选择：本硕连读和本博连读，由导师来安排后续课程和课题的选择。成绩好的学生可能不被高等工程学院录取。在选拔进入该班的学生时，除了要测试所学知识外，还要考查非智力因素。情商和心理测试是必不可少的。可见，高素质人才的选拔也需要参考情商。

不妨回头再看一看阿甘，虽然他的智商并不在正常水平上，但可以肯定的是，他的"情商"比别人的情商高出许多。阿甘遇到困惑后喜欢自己念叨："妈妈告诉我，人生……"然后迅速恢复状态，继续生活下去，这就是情绪控制的力量。回想一下捕虾公司的成功，面对屡次的打捞失败，面对惊涛骇浪、暴风骤雨，阿甘没有丝毫的泄气，也许你会说他傻得不知道什么叫作"成功"，可以认为他不明白失败是什么。重要的是他认为困难也就是巧克力的那种苦，他相信会有甜等着他。我们不知道未来会怎样，所以，要尽自己最大的努力过好现在。尤为令人感动的是，阿甘的精神感染了心情颓废的上尉，使他昂起头体味美好生活。情绪上的转移又是一个很高的境界。

提高情商并不是一朝一夕的事情。心理学家、管理专家也研究出了一些提高情商的方法。建议每一位青年了解和掌握这些方法，以提高控制和调节情绪的能力。

新泽西州聪明工程师贝尔实验室的一位负责人，就曾经在实践中运用情商的知识，对他的职员进行分析。结果他发现，那些工作绩效好的员工确实有很多智商并不高，但是情商很高。这表明，相比高智商但社交困难的人，那些能够敏锐感知他人情绪变化、善于控制自己情绪的人，更能取得成功。

另外一个例子是，美国创造性领导研究中心的坎普尔及其同事，对偶尔绽放光彩的主管开展研究之后发现，这些人之所以失败，并不是因为技术上无能，而是因为情绪控制能力差，使得人际关系出现危机而与成功擦肩而过。因为企业这方面的成功经验，情感智商声名大振，新闻传媒业开始关注其情感智商。情商让人们有了通往成功的另一条道路，它否定了人们一直坚持的"智商决定命运"的观点。因为智商的后天可塑性是极小的，但是情商却相反，一个人可以在后天培养出高情商来，到达成功的彼岸。智力不是成功的唯一因素，拥有高智商是很值得欣喜的，因为智力确实对成功有很大的帮助。然而，许多智商高的人却仍然在生活的底层苦苦跋涉，这又是为何呢？那可能是因为他们没有较高的情商。下面讲述一个平凡人的故事。

10年前的莫奈是个非常普通的打工仔。那时，莫奈找了一份汽车修理工的工作，工作的情况与他的期望相差很远。一次，他看到报纸上的一个广告，休斯敦一家飞机制造公司正向全国广招贤才。他决定前去一试。结果机会真的来找他了。当他到达休斯敦时已是晚上，面试就在第二天进行。吃过晚饭，莫奈在旅馆想了很久。他想了很多，自己多年的经历历历在目，一种悲伤的情绪产生了：我的智商并不低，可是为什么我一直没有成功呢？他取出纸笔，写下几位他认识已久的朋友的名字，其中两位曾是他以前的邻居，他们都已经搬家到富人住的高档住宅区了。另外两位是他以前的同学。他扪心自问，和这四个人比，除了工作比他们差以外，自己和他们也没什么差别。论聪明才智，他们实在不比自己强。最后，他发现和这些人相比，自己就是少了一样取得成功

◇ 情商决定人生高度 ◇

这应该是一个机会,我要去试一试。

我一直不成功,到底是什么原因呢?

我知道了,我就是太自卑。现在我要自信起来,一定能成功!

你被录取了,恭喜你!

的因素，那就是情商。城市里的钟声已敲了三下，已是凌晨3点钟了，但是，莫奈的思绪却出奇地清晰。他第一次如此清晰地看到自己的不足，发现大部分时候自己都受情绪控制着，比如，爱冲动、遇事从不冷静，甚至有些自卑，不能与更多的人交流，等等。他整夜都在思考检讨，他发现了一个严重的问题：自己从懂事以来，就是一个缺乏自信、妄自菲薄、不思进取、得过且过的人。他总认为自己无法成功，却从来没有想过如何改变。他还发现，自己一直在自贬身价。以前做的每件事都表明，自己可以和失落、焦虑画等号了。于是，莫奈痛定思痛，做出了一个令自己都很吃惊的决定：从今往后，再也不允许自己觉得不如别人，一定要控制好自己的情绪，全面改善自己的性格，塑造一个全新的自我。

第二天早晨，莫奈一身轻松，像换了一个人似的，怀着新增的自信前去面试，很快，他被录用了。莫奈心里很清楚，他之所以能得到这份工作，就是因为自己的醒悟，因为自己有了发自内心的自信。两年后，莫奈受到了公司和行业的认同，大家都认为，他是一个充满激情、很有爱心、充满智慧的人。在公司里，他不断得到升迁，成为公司所倚重的人物。即使在经济不景气时期，他仍可以有生意做。几年后，公司重组，分给了莫奈可观的股份。

这就是转变的力量，成功的必备因素中，情商必不可少。

人际交往的能力

泰德·卡因斯基是少年天才，16岁就考入了知名学府哈佛大学，四年之后顺利从哈佛大学本科毕业，进入密歇根大学继续深造。毕业后，他任教于世界闻名的加州大学伯克利分校数学系。别看卡因斯基的智商非常高，但是他的社会交往能力和情商却处在相当低的水平。从中学开始他就独来独往，不和身边的人打交道，建立和谐长久的人际关系对他来说是不可能的。到了大学他还是一如既往的我行我素，身边的人都称他为"独行者"。在学术领域他是当之无愧的天才，但是在社交领域他的能力还不及普通人，久而久之他的心理就出现了问题……

人的成功当然离不开专业的能力，但是同时也离不开良好的人际关系。毫无疑问，人际交往能力是非常重要的一种能力。如果说专业技能考察的是人的智商，那么人际交往能力的强弱更依赖于情商的高低。

情商的高低直接影响着能否与他人有效地沟通。

正值花样年华的丽莎总是孤单一人，大多数时候都沉默寡言，似乎和同龄人之间都有代沟。

丽莎现在这种情况并不是天生如此，小的时候她也是活泼开朗的孩子。但是当她以孩子的眼光提出一些问题时总被父母训斥说："小孩子哪来这么多问题！"就这样活泼可爱的丽莎逐渐沉默起来，从来不轻易和人讲话，因为她时刻担心自己说错话受到父母斥责。

到16岁的时候，丽莎的人际交往能力和同伴已经有了明显的差距，久而久之身边的朋友越来越少，她也越来越孤单。

小丽莎的童年缺少了应有的童真，童年的不幸在她心底留下了不可磨灭的印记。

人的生存离不开正常的人际交往，如果我们的人际交往能力不过硬，除了影响我们的未来发展，还会让我们的生活一团糟——原本我们快乐的心情也会被糟糕的人际关系影响。

人际沟通的能力直接决定着工作的成败。只有保证和谐的人际关系，独特的才华和思维才有可能得到施展。如果人际关系一团糟，工作又怎能有所成就呢？

感知他人情绪的能力

不懂得察言观色的人是非常不讨人喜欢的,生活中我们常常听到人们说某人没有眼色,反映的都是情商中对他人情绪的感知问题。

如果一个人感知他人情绪的能力不强,那么他对自己梦寐以求的理想只能是望尘莫及。

清代,有一个在山东任职的县令,初来任职他需要去拜见自己的上级。根据清朝当时的官吏制度,下级谒见上级,必须严格地穿着蟒袍补服以示礼节和尊重之意(所谓蟒袍即清代的标准官服,质地是缎,中间带有夹层,表示官位的等级大小,上绣五蟒至九蟒不等。蟒袍上的外褂被称为补服),就算炎炎的夏日也必须遵守这个规矩。那是炎炎的夏日,县令才刚到知府的厅堂,就被一层层的蟒袍补服弄得汗流浃背,他实在热得受不了了,也顾不得形象,拿起扇子就开始狂扇。知府说:"既然天气如此炎热,将外褂脱去不是很好吗?"县令说:"有道理。"站起身来就脱掉外褂。但是没过多久,他还是觉得很热,又拿着圆扇振臂狂挥,知府说:"解带宽袍不是更凉爽些吗?"县令说:"是,是。"就站起来把衣服由外到内一件一件脱掉。

县令有些得意忘形了,竟在知府面前滔滔不绝地讲个不停,扇子在他手中从左手到右手,随便地挥来挥去,完全不顾及发出的巨大的飒飒之声。

之前知府以为这人比较怕热,但是后来他如此放肆就让知府生气了,就故意说反话戏弄他:"我觉得脱去衬衫会更凉快,不是吗?"县令还不识趣地听了知府的话将衬衫也脱去。知府看此人这么没有眼色,拱手说:"上茶。"下人们就大声喊着"送客"。这里的"送客"也是当时清朝官场的一个习惯,下级去谒见上级,如果上级长官不愿意再继续交谈会客,"上茶"就是他此时想表达的意思。当把茶端出来,侍从就高呼"送客"。听到"送客"之后,下级就必须起身离开。没有眼色的县令听到了"送客"的口令,没有立即辞别,也没时间穿戴,匆忙地拿了帽子,提着短衣,非常狼狈地出去,那种样子和杂剧中的小丑没什么两样。

县令落得这样的结局,是因为他听人讲话没有听出说话者的本意和潜台词,他感知他人情绪的能力不强,不会察言观色。简言之,就是这位县令的情商太低。

有人不同意上面的说法,认为县令说到底就是笨。那么，如果他够聪明，能弥补感知他人情绪的能力不足的缺陷吗？

名士杨修是三国时期曹营的主簿。他反应敏捷，足智多谋。刘备率兵攻打汉中，曹操大为震怒，于是他决定亲率四十万大军抗击刘备。两军在汉水拉开阵势。曹军久攻不下，双方陷入僵持阶段。有一天厨师为曹操准备了鸡汤，碗底还有鸡肋，曹操顿时有感而发，即兴低吟赋诗来表达这时候的情怀，恰好这时候夏侯惇进入帐中请夜间号令。

曹操随意地回复他："鸡肋！鸡肋！"

于是人们也不管是什么就把"鸡肋"当号令传下去了。根据这个命令，杨修就让兵士们收拾行装，准备撤兵回去了。夏侯惇非常不能理解，马上命人把杨修请来解释清楚。

杨修向他说明了其中的原委："鸡肋，就是扔掉会觉得可惜，吃起来又没什么实质性的东西。用鸡肋类比汉中，说明大王准备撤兵放弃了。"

听了杨修的解释，夏侯惇也觉得非常有理，兵士们也按照他的命令整理行装。这件事传到了曹操耳朵里，他为此非常生气，治杨修妖言惑众、涣散军心之罪，并以此罪将杨修斩首示众以安军心。

后人对杨修的评价中说他是"聪明反被聪明误"，准确地反映了杨修的致命弱点。

杨修自恃很有才情，曹操本就多疑，杨修多次触怒曹操。曹操曾访蔡邕之女蔡琰。蔡琰，字文姬，她的丈夫原来是卫仲道。她后被匈奴掳去，在匈奴生了两个孩子，作《胡笳十八拍》，后来逐渐传进中原。曹操对她常有爱怜之意和同情之心，想把蔡琰解救回来。当时的匈奴还不敢与曹操直接抗衡，于是匈奴左贤王主动将蔡琰送回汉朝归于曹操。曹操又将蔡琰嫁于董祀。曹操当日夫访蔡琰，一眼就望见了屋里挂着的碑文图轴，内有"黄绢幼妇，外孙齑臼"八个字。曹操问将士谁能说明其中的含义，身边众人都摇头表示不能解其意，而杨修又说自己知道。曹操示意让他再想想。从蔡琰那里出来以后，曹操骑在马上还在想那八个字的意思，走了三十多里才恍然大悟这八字中蕴含的深意哲理。这隐藏的含义就是"绝妙好辞"。

　　曹操曾命令兵士建造一个花园，建好之后他去参观，当时并没有做出什么直接的褒贬评价，只在门上留下一个"活"字。杨修说："在'门'上留下'活'，也就是'阔'。丞相的意思明摆着就是嫌园门太宽阔了。"兵士听了杨修的解释开始修整。曹操再来参观的时候表示非常满意，后来他知道这全是杨修的主意之后，在心里就对过于聪明的杨修又多了一份忌讳。

　　还有一次，曹操在从塞北送来的酥饼盒子上写了"一合酥"三个字。杨修进来看到盒子上的"一合酥"三个字之后，居然擅自分给士兵们吃掉了。曹操问杨修为什么要做出这样的举动，杨修答说："你写了'一合酥'不就是让我们一人一口吗？我们就恭敬不如从命了。"曹操表面上是笑着的,但此时心里已经非常讨厌杨修了。

曹操生性多疑,总觉得有人会暗杀他,就对身边的人说,在他的梦里最多的就是杀人的场面,所以只要他睡着的时候任何人都不得靠近他。一日,他正在午休,因天气炎热,他在睡梦中将被子蹬到了地上,身边伺候的人来给他盖被子,被惊醒的曹操一跃而起杀死了。当了解事情原委之后,他懊悔不已,下令要好生安葬这个近侍,并善待他的家人。周围的人都以为丞相是在梦中所以才杀了人,而杨修却非常清楚,他又自以为很聪明地道破其中玄妙。

凡此种种,杨修都在有意无意间冒犯了曹操。杨修落得最后的结局,可以毫不夸张地说就是因为他过分显露他的才智,揣测曹操之意。

有的人说杨修死就死在他的过于聪明上了,说到底杨修的这些聪明不是真正的大智慧,有大智慧的人都能准确地把握别人的心理,更知道该如何保护自身的安全。

自我激励的能力

自我激励，简言之就是自己给自己加油打气。中国人从小接受的教育就是要自立自强，要突破重重困难站起来，而让我们奋起的信念就是不断地进行自我激励。

当我们在面对生命中的困难和挫折的时候，要知道困难只是暂时的，现在遇到的这些麻烦根本不是什么大事。人必须对自己有信心，自信能让你有无穷的力量，这种力量源自一个人强大的内心，这也是情商的一部分。

中国有很多杰出的商业巨子，在众多的商业巨子中闪耀着一颗明亮的女星，她就是吴士宏。

吴士宏并不是名校毕业，也没有什么显赫雄厚的家世背景，然而她却能在IBM、微软这样的企业中有举足轻重的地位。有这样骄人的成绩，胆识和智慧自然非常重要，但是，成功也离不开她的自我激励。

在IBM公司面试时，吴士宏丝毫没有恐惧之感。经理问她："你认为自己熟悉这家公司吗？""对不起，我对此并不了解。"吴士宏非常坦诚地表明自己的态度。"那么你凭什么来这里面试？""你怎知我没有资格？"吴士宏想都没想就说了出来，除了心中坦诚，更是因为自己有着十足的把握和信心。她用英语说，以前的领导和同事都相信她具备做事的能力，自学考试足以证明自己的能力，如果能够进入IBM，她会用事实和实力证明自己有资格在这里工作，绝对不会让公司失望。负责的主考面试官当时就直接通知她：下周一上班！每个人都有自己在社会上存在的价值，吴士宏用自信征服了面试官，收获的是对彼此的信任和在工作上的认同感。

吴士宏在IBM做职员期间，有一次她将买回来的办公用品用平板车推着回来，门卫说要查工作证，其实是故意刁难她。那个时候，初到公司的她还没有相关的工作证，就这样在门口站着，进出的人都用奇怪的眼光看着眼前的一切，她觉得这是对自己的侮辱，但是那个时候容不得她发泄自己的不满，她暗暗发誓："我会尽快改变这种情况的，任何人都不能以任何理由将我拒之门外。"

另外还有一件事情让她心里非常不舒服。有一个资格很老的香港女职员，指挥别人为她做事是家常便饭，当然刚来到公司的吴士宏也在她的驱使之列。一天她板着脸进门，对吴士宏劈头盖脸一句："Juliet（吴士宏的英文名），要喝咖啡请你直说！"吴士宏真的是丈二和尚摸不着头脑，不知道这位老资格的职员又想玩什么花样。只听那个女职员叫嚷道："你喝我的咖啡也就算了，至少请你做到在喝完后将盖子盖好！"吴士宏终于明白了，她居然认为我偷喝她的咖啡，这对她来说是人格的侮辱和尊严的践踏，吴士宏气得快要爆炸了。

年轻的吴士宏之前只不过是一个默默无闻的小护士，就算进入令人羡慕的IBM公司，她也只能做一些十分简单的工作，沏茶倒水，或者是卫生清洁。初来乍到的她，心里也有严重的自卑感，那个时候传真机就是她心中的高科技产品，即便是触摸一下她都觉得是一种奢望。然而上面的那两件事重创了她的满足感，吴士宏心中早已痛下决心要改变这一切，她不想在被人侮辱时只能忍气吞声，她要成为管理者，无论她来自世界的哪个国家哪个角落。

从此，她比同事加倍努力地学习、工作。于是，在同一批和她进公司的员工里选拔IBM业务代表时，她榜上有名。接着，她一如既往地努力，又终于成为第一批本土的IBM经理，后来去美国本部工作。最后，IBM华南区的总经理非她莫属。这一切都说明一分耕耘一分收获。

从那以后，吴士宏凭借自己坚韧不拔的毅力一次次地向命运挑战。1998年2月，她到了微软，她是当之无愧的微软中国公司总经理。1999年10月，她来到了TCL公司，最后又成为TCL的总经理。

身边的很多人失败并不是智力因素，而是他们在思想上压根就没有想要成功。他们面对屈辱会默默接受，然后抱怨苍天无眼，从来不懂得自我激励，被统治已经成为他们的习惯，长此以往等待他们的除了失败还有什么呢？

在思想上想让自己成功的人，绝对不允许自己因被打败而一蹶不振。他们就算暂时失败了，也能激励自己从困难中走出来。

控制自我情绪的能力

自我控制能力的强弱表现了情商的高低，不懂得控制自我的人是永远不会取得成功的。如果一个人在一点小利益面前都不能自控，又如何能够抵挡住大利益的诱惑呢？

自我控制能力是非常重要的，这也是人之所以为人的一个重要标志。人作为一种理性的动物，感情用事是不可取的。

2000年，新上任的美国总统小布什宣誓就职。人们不知道，现在大家眼前的这位总统，年轻的时候是没有自控能力的不羁之才。

小布什在学校读书的时候，成绩并不突出，但是对于学习以外的吃喝玩乐却是无一不晓。除了和一些朋友混在一起，基本上就没有什么正事可做。他做得最多的事情就是骑着自己的摩托车，载着女孩子，随心所欲地驰骋在宽敞的大街上。晚上的他也非常兴奋，舞厅常常有他的身影，回家时总是三更半夜，并且毫无例外都喝得烂醉如泥。

父亲老布什非常担心儿子的情况,对他"晓之以理,动之以情",但是,小布什从来都没把父亲的教导放在心上,还是我行我素。

突然有一天这种情况改变了——一个姑娘的出现改变了小布什的一生,这个清纯美丽的姑娘触动了小布什的心。有了这位红颜佳人,小布什恍然大悟,他逐渐改变了自己放荡不羁的行为。在自己的不懈努力之下,他终于在政治舞台上崭露头角,成为一代总统。

托马斯·曼告诫人们:"人要学会控制自己,不要让感情左右自己的情绪和举动,这样才能保证心中的一份安宁。"

在一次战斗中敌军将一个间谍抓获,他马上假装自己是聋哑人,任凭对方使尽各种手段对他进行威逼利诱,他都坚持装聋作哑,审问者故意大声地对他说了这么一句话:"好吧,看来你真的什么都不知道,留着你也没什么用,你现在可以走了。"

你是不是以为这个间谍已经安全脱身了呢?

那你就错了!

试想一下如果当时他马上转身走开,他的计谋马上就会被拆穿。这个间谍非常清楚地知道这一点,就像完全没有听懂审问者刚才说的话一样继续装聋作哑。

审问者的动机就是放松他的警惕,从而验证他是真的聋哑还是装聋作哑。正常情况下,当人获得自由的时候，高度紧张的神经会放松，而那个间谍非常聪明，依然保持着高度紧张的被审问情绪，最后让审问者认为自己真的是聋哑人，只好说："就算这人不是聋哑人，那么他的脑筋或者精神肯定不正常！留他也没用，让他走吧！"就这样，被敌军捉住的间谍才有惊无险、安然逃生。

我们可能都会感叹这个间谍的智慧。当我们惊叹这个间谍的聪明时，更不能忘记他超强的自我控制能力，正是他超强的自我控制能力让他在危急关头重新获得自由、获得新生。

难以想象没有自我控制能力的人是什么样的，因为他们有绝对自由的思想，在这种思想指导下的行为更是会放荡不羁。许多青少年都沉溺于网络游戏，说到底就是对自己的控制能力太差。

机会和命运绝对不会青睐那些没有自我控制能力的人。

我们能从卡耐基下面的经历中获得某些启发。

有一次，卡耐基和办公室的一个管理员发生了一些冲突，自此他们彼此心生芥蒂。管理员只要逮着机会就会给他制造点小麻烦。一天，就剩下管理员和卡耐基在办公室里了，管理员就把整栋楼的灯全关了。类似这样的情况已经不止一次发生，最后，卡耐基再也受不了这种状况了，他也奋起反击，要给管理员一点颜色看看。

某个周末，他终于有机会回击他了。那时候卡耐基还在办公室写计划书，突然电灯又像往常一样"神奇地"

熄灭了。卡耐基暴跳如雷，直接冲到地下室，因为他知道那位管理员一定在那里。愤怒的他到地下室时，管理员还在悠闲地看着报纸，哼着小调，摆出一副若无其事的样子。

卡耐基将长期以来的愤怒全发泄了出来。五分钟过去了，他用了自己能说的所有的脏字痛骂管理员。最后，卡耐基已经没有什么词能用来骂了，就开始卡壳了。这时候，管理员放下手中的报纸，微笑地看着他，用非常平静的语气说："呀，今天你似乎心情不好，发生了什么事情吗？"他的话犹如当头一棒，像利剑一样一字一字地刺进卡耐基的心里。

卡耐基满脸羞愧，恨不得找地缝钻进去：他在这次对峙中输得一败涂地，但是对峙的所有情况，全部都是自己臆想的。

卡耐基什么都没说，转过身，像离弦的箭一样冲回了办公室。此时的他已经不能静下心来做任何事情。在无数次的反省之后，他马上意识到自己的错误举动是多么的荒唐，实事求是地说，他不想对此做出任何的解释。但卡耐基的心底有一个声音，去赔礼道歉，只有这样才能减少一点点自己的惭愧。最后，经过多次挣扎他下定决心，无论等待他的是什么，他都必须到地下室去道歉。

卡耐基平复情绪后来到地下室说："我必须为我刚才的言辞和行为向您道歉，希望您能接受我的道歉。"管理员憨厚地笑着说："坦诚地讲，我认为你的道歉是没有必要的、没有意义的。因为刚才的事情除了你我，没有第三个人知道你刚才说了些什么。我什么都不说，你也不会去说什么，那么，我们为什么不忘记刚才发生的那件事情呢？"

听到这番话，卡耐基感觉更加羞愧难当、无地自容了。他使劲握着管理员的手。这一握，不仅是手在一起，重要的是心紧紧连在一起。在从地下室返回自己办公室的路上，卡耐基非常高兴，就是因为他战胜了自己，他终于克制住自己的情绪，勇敢地为自己做错的事情买单。

拥有良好的自我控制能力是一笔财富，它并不是捆绑你、束缚你的枷锁，反而是随时鞭策你前进的良师益友。

将自制理解为无自由的人，还没有准确把握"自由"和"自制"的本质含义。我们说的自制不是自由的丧失，正相反，它是为了保证最大限度地实现你的自由。

渴望自由、追求自由当然没有错，但是我们不能放任自己追求绝对自由。自由若不受限制，就会随时发生危险，最糟糕的情况，就像脱缰的野马不再受驯导师的控制一样。自由不是无限制的绝对自由，真正意义上的自由是有限制的，而这样的限制是有存在的必要的。

适当地控制情绪，收放自如，才能拥有更加坦荡的精彩人生。

◇ 情商的核心：认识自我 ◇

我们的睫毛为什么比其他小动物的要长呢？

如果天空扬起了风沙，长睫毛可以保护我们的眼睛。

我们背上像大包一样的东西有什么用处吗？实在是太丑了！

这是驼峰，有了它我们能储备水和养分，才能走出沙漠。

我们厚厚的脚掌有什么特别的用处吗？

只有足够厚的脚掌才能支撑我们的身体，这对我们长途跋涉其实是非常有帮助的。

哇，看来我们身体的每个部位都有不一样的特别作用！

是的，只有真正地认识自己，发现自己身上的优点，才能成为一个优秀的人。

自我认知的能力

德尔斐神庙是世界上非常著名的一座神庙，在这座神庙里有一块刻着苏格拉底名言的碑："对自己要有清楚的认识。"这是这座神庙里唯一的碑铭。

然而，清楚地认识自己是非常困难的一件事情，俗话说"当局者迷，旁观者清"，就是这个道理。

"我又是怎样存在于这个社会的呢？""我要做些什么？""到底是什么事情会让我这么生气？"……人总是处在自我探索之中，以致常常会不知道自己究竟是谁，还经常受到周围各种各样信息的暗示，特别在意别人的一举一动。而认识自己，也称自我认知，也就是循序渐进地认识自我。但是，在认识自己的时候，外界的各种情况对我们自我认知有很大的影响。

小骆驼和妈妈一起生活在一个动物园里面，有一天它问道："我们的睫毛为什么比其他小动物的睫毛要长呢?"妈妈回答它:"如果天空扬起了风沙,有了长睫毛的保护,我们在风暴中还能看清楚方向。"

小骆驼又问:"我们背上像大包一样的东西有什么用处吗?这个大包看上去实在是太丑了!"骆驼妈妈说:"这是驼峰,有了它我们能储备水和养分,有了水和养分我们才能在沙漠中行进,才能走出沙漠。"

小骆驼又问:"我们厚厚的脚掌有什么特别的用处吗?"骆驼妈妈说:"只有足够厚的脚掌才能支撑我们的身体,这对我们长途跋涉其实是非常有帮助的。"

小骆驼高兴坏了:"哇,看来我们身体的每个部位都有不一样的特别作用!但是我还是觉得奇怪,现在我们怎么在动物园里呢?我们不是应该在沙漠中进行长途跋涉吗?"

认识自我包括的内容如下:对自己外在形体的认识——有什么优势和不足;我是偏理性的人还是偏感性的人;我在个人能力方面有哪些长处,又有哪些短处……

不能对自己做出准确的定位,往往就会酿成悲剧。

清朝咸丰年间,南北两大集团控制着整个金融业的发展,北是山西帮的"票号",南是宁绍帮的钱庄。胡雪岩出生在安庆,自小就在钱庄学习,他的一个生死之交是官宦子弟王有龄,所以就有了现在被称为官商勾结的开钱庄。在王有龄穷困潦倒之时,胡雪岩曾慷慨地给予他帮助，而王有龄也是一个知恩图报的人。胡雪岩用各种手段拉拢民众，收买人心，为他将来的行动一步一步地做好精密打算，运用各种经营方式，先后做过丝绸、军火、茶叶等生意，后来成为江浙一带赫赫有名的富商。

后来，轰轰烈烈的太平天国运动开始了，杭州被围。胡雪岩很难在战争中保全自己的家业，但他认为风险与机遇并存，便主动为清军购买粮食以抵御太平军。不过清政府还是失败了，而他的生死之交王有龄选择自缢。胡雪岩非常识时务，转投左宗棠，帮他筹措军费，共同抵御太平军，想通过这种手段使家业不致毁于一旦。但是军饷投入不是一笔小数目，仅靠一人之力肯定是不够的，他又凭借着自己善于应变的本领和洋人进行交涉，成为近代中国借外债的先例。左宗棠非常看好他，举荐他为官。不仅如此，胡雪岩还有在紫禁城骑马的特殊荣耀，可谓红极一时。

这时胡雪岩在官场也算是春风得意、游刃有余，他还为镇压农民起义出钱出力，成为军火商人。有了政府的帮助和扶持，他的家业取得了飞跃性的发展，在官场和商界都赫赫有名。此时，胡雪岩逐渐发生了变化，他娶了多个女人，每天过着骄奢淫逸的生活。正如哲学中说的那样：矛盾的两个方面是可以相互转化的。

当时的政治斗争中左宗棠、李鸿章二人矛盾最为尖锐，而胡雪岩从左宗棠那里得了不少的好处，李鸿章又怎会不知道呢？李鸿章对付左宗棠的重要策略就是"排左必先排胡"。同时，之前胡雪岩和外商勾结的事情也败露了，左宗棠开始彻底调查他，他的失败及致命弱点已经明显地暴露出来。还有一点就是他试图挽救濒临崩溃的江南蚕业，妄图与外国人抗衡，最后因为资金紧缺逐渐衰退下去。即便是曾经花钱支持过的清政府，眼看自己这个财主就要没落，也果断地抛弃了他。这个时候，胡雪岩输得一败涂地，再也没有机会翻身，家人也离他而去，最后落得个孤家寡人。

所以，"人贵有自知之明"才能流传千古，这一点在当今时代也是永恒不变的真理。

第二课

学会认识自我

情商的核心价值是什么

首先我们必须了解"充分发挥作用的人"和"具有情商的人"应该有的核心价值。 在情商没有具体的定义的时候,罗杰斯早在20世纪60年代就提出了相似的观点,戈尔曼30年后在著作中发展了这个概念。 罗杰斯认为可以从以下几个方面培养一个人的情商:

(1)接纳自己的经历。 对自己的经历要有一个正确的认识,接受包括情感经历在内的一切现实。 罗杰斯强调,能否接受自己关系个人发展及自我实现。

(2)活在当下。 我们要接受过去,但不要沉溺于那些已经无法改变的事实,也不要花过多的精力去想未知的将来。要生活在当下,把握现在的分分秒秒。

(3)相信自己。 相信自己的内心,顺其自然地做事,你的情商会指引你走一条正确的道路。

(4)有效地运用自由。 选择多了,一个人的自由感也就增强了。 罗杰斯认为,"充分发挥作用的人(具有情商的人）"应该享受这种自由，并且敢于承担由此带来的一切责任。

（5）有创造力。一旦觉得自由了，并且享受自由对自己负责，人就能在很多领域（如艺术和科学上）产生创造力，无论是对自己的工作，抑或是对社会的认知都会有创造性的想法。

罗杰斯强调：客观辩证地接纳自身的情感正是现代情商的组成部分。下面请大家按以下步骤做个测试。

[EQ 训练]

回顾一下上面五点品质，看看你对自己拥有这些品质的相信度有多少。

0＝一点都不相信　　5＝很相信

诚实客观地给自己一个分数（总分 25 为最高分；0 分为最低分）。能公正地给自己打分就说明已经有一个好的情商基础了，在此基础上，我们要考虑如何提高自己的情商。

另一个旁观的自我

如果我们不能对自己有正确的分析和定位，或者不能把握自己内心的真实感受，就可能会在心理及行为上产生许多不好的连锁反应：有的轻浮狂躁，有的萎靡堕落，更有的将自己贬得一文不值。这些不仅不利于人的进步，还会影响到日常的工作、学习和生活。盲目乐观、自高自大，会妨碍自己前进的脚步，妄自菲薄、自暴自弃更是不可能取得成功。心理学家的研究表明，如果不能对自己的能力和潜力获得正确的定位，而将自己埋没在众人之中，庸庸碌碌，那么最终的结果就是人生的失败。时间一长，胆小、退缩的情绪和性格就会形成，甚至还会出现各种心理问题和心理疾病。积极乐观、健康向上的人，一定是能够正确认识自我的人。

一位老师总是对学生讲：自知者明，我们必须要成为一个有自知之明的人。只有对自己认识得非常清楚，才能进一步去了解他人。曾经在课堂上就有学生向老师发问："老师，您是一个有自知之明的人吗？"

"是呀，扪心自问，我究竟是不是一个有自知之明的人呢？"老师想，"嗯，看来我必须对自己深入剖析才能获得正确的认识，才能深入了解我内心的真实想法。"

下课之后，老师回到家里站在镜子前，从五官到面部表情都仔仔细细地看了一遍，然后逐层深入地对自己的性格进行剖析。

首先，镜子中自己闪闪的秃顶看上去非常显眼。他想："嗯，不错，这一点和莎士比亚一样。"

接着他又看到了镜子中同样突出的鹰钩鼻。"哦，福尔摩斯也是出了名的鹰钩鼻。"

后来他注意到自己的脸很长。他想："呵呵！大文豪苏轼不就是这样一张大长脸么。"

他发现自己的个子很矮。他想："嘿嘿！我和大文学家鲁迅一样都有着矮小的身材。"

突然他发现自己的双脚和常人相比要大很多。"哦，卓别林的大脚多有特色啊！"这样，他对自己有了从头到脚的全新认识。

"在我的身上集中了多名伟人、名人的特质，我肯定会成为一个非同寻常的人，我的未来一片光明。"第二天，他把自己观察之后的分析结果告诉了自己的学生。

有位哲学家曾说："只有能正确认识自己的人，才是真正的聪明人。"只有对自己有了正确的认识和清楚的定位，才能相信自己的力量，人生的航船才能驶向成功彼岸。只有正确认识自己才能找到适合自己的奋斗目标。唯有走对了路，并且相信自己，然后全心全意地付出努力，你的一生才不会有什么缺憾。就算最后你没有成功,你也问心无愧。

对自己做出正确的认识并不是轻而易举的事情。古诗云:"不识庐山真面目,只缘身在此山中。"当我们对外界进行分析、判断和评价的时候,考察的是我们智商的高低,和情商之间没有什么大的关系。认识自己最核心的考验就是一个人情商的高低了。当我们想要对自己做出评价的时候,或多或少都有某种预期在里面,如果在了解自己的过程中,发现自己的某些期望太高甚至永远都不可能实现,难免会悲观失望,进而对那些本来能实现的期望也产生怀疑。如果在了解自己的过程中,突然发现自己的实际能力比预想的要高很多,由此带来的惊喜情绪也会随之产生,这时候就会高估自己。只有情商高的人,才不会将自己变成情绪的奴隶,才能对自己做出正确的认识和评价。

著名作家威廉·史泰隆也曾面临过郁闷烦躁的情绪,下面有这样一段生动细致的描述和记录:"我的身边总是存在着一个和我一样的人,这个人对我面临的情况了如指掌,但是绝对不会给我指点,总是带着一种强烈的好奇心看待这个世界,默默地看着我痛苦煎熬。"有的人在进行自我观察和分析的时候,确实清楚地知道自己存在着情绪的缺陷,当你回头看的时候,仿佛有另一个自己在一边冷静地看着这一切。

"愤怒的时候我总是控制不了自己!"很多人都发现自己有这个毛病。

通常这种情绪下也存在着两个自己,一个就是被愤怒情绪控制着的自己,而另一个就是在冷眼旁观看着这一切的自己。"旁观的我从来不带有任何的感情色彩,站在客观的角度冷静地分析自己的情绪。"同时两个自己之间是有差距的,我们需要在二者之间找到恰当的距离定位，从而能够更清楚地认识潜在的自我，从而把握自己最真实的情绪和想法。

当你情绪失控想要发泄的时候，不妨先强迫自己冷静下来，你仿佛就看到了一个冷眼旁观的自己在身边。旁观者可以是潜意识里的自己，当然也可以是别人，他就像影子一样在你的身边站着，他正在看着你身上发生的一切，看你发脾气，但他却在心里嘲笑你这种愚蠢的举动。如果能做到这样，你就会意识到自己是多么的不理智，你会斟酌将要做出的举动，你才能想出正确的解决问题的方法。

下面是一个关于狐狸觅食的故事。狐狸在晨光的熹微中欣赏着自己的身影："我今天就要吃到一只羊！"整个上午，它都为了这个目标而劳碌，目的就是寻找到一只羊，实现自己的预期。一上午过去了，在正午阳光的照耀下，它重新看了看自己的身影，于是说："其实午餐选用一只老鼠也足够我饱餐一顿。"狐狸之所以会出现这么大的认识偏差，和它选择的参照点"晨曦""正午的阳光"有密切的关系。早晨的阳光让狐狸的身影变得很长很大，不知不觉中让狐狸以为自己就是动物世界的主宰，具有无穷的强大力量和权威的话语权；到了正午，影子缩小得只剩下一点，于是它自己也有些自暴自弃了。

如果你对自己不能有非常清晰准确的认识，你可以借助"反躬自问"来做出判断。它好比是一面天然的镜子，这面镜子能帮你找到你心灵深处的尘埃，让你做一个有自知之明的人。

从他人的眼中看自己

当李世民听闻谏臣魏征的死讯时,悲痛失声,因为他少了一面镜子。我们可以借助他人这面镜子认识自我,因为个人在认知自我的时候总会多多少少地带有主观主义的情绪,这时对自己的评价和认识就不够客观公正。"当局者迷,旁观者清"这句话很有道理,也就是说对自己的认识容易带有某种局限性。"当局者迷",无法对自己做出正确的判断和评价,因为处在事情之中往往不能客观准确地看问题。如何从他人的眼中来看自己,是我们终身都要学习的本领。

大文豪苏轼与佛印禅师相交甚好。有一天,他们二人又在一起打坐参禅,参悟人生。

苏轼说:"大师,在你的眼中,我现在的状态像什么?"

"像一尊佛。"佛印禅师真诚地赞扬着身边的朋友。

不料苏轼却讥笑禅师:"但我看你倒像一堆牛粪!"

苏东坡回到家后,非常自豪地将这件事情讲给苏小妹听。小妹对他批评了一番，还发表了这样一番独到的见解：

"看别人是一尊佛的人自己本身就是佛；同样，如果自己是牛粪，眼中看到的任何人自然也就是牛粪。"

从身边人那里了解他们对你的评价和看法，是常用的认识自己的方法。父母和好朋友都可以成为你了解自己的途径。

不过，别人对自己的评价，对你而言只能起到一种参考和借鉴的作用。因为有时候，他人对我们的评价是恶语相加、讽刺挖苦。在这个时候你必须经过分析判断这些评价的真实性和客观性，小心"巴奴姆效应"，这些错误的评价不应该成为我们认识自己的绊脚石。

"巴奴姆效应"是一个心理学术语，意思就是人们乐于接受一种概括性性格描述的现象。常见的如现在很流行的星座分析、术士算命等。

"巴奴姆效应"既反映了人在心理认知时的状态，也很好地满足了我们对自我认识的需求。我们都知道想认清一个人是很难的，但是更困难的还是认识自己。

在一个王国里生活着一位美丽的公主，从小就被一个狠心的巫婆囚禁在一座高塔里面，巫婆总是告诉她："你实在是太难看了，见过你的人都会被你丑陋的模样吓死。"公主对巫婆的话深信不疑，为自己的丑陋的容貌而烦恼，担心被人嘲笑，也不敢呼喊救命。终于有位王子无意间经过高塔，发现了这位美若天仙的公主，才及时地将她从高塔中解救出来。

其实,公主并不是被高塔所困,当然也不是被囚禁她的巫婆所困,归根结底是她自己做出的丑陋无比的定位。他人可能会误导我们,如在学习上老师说你脑子不好使,以后肯定没前途,然后你就真的认为自己笨、没有前途,然而这样的想法和那位被囚禁的公主有什么区别呢?

下面是一个发生在非洲某个国家的真实故事。这个国家的种族歧视情况非常严重,即便是公共场所也对黑人、白人区别对待。那里的白人也不喜欢和黑人有任何往来,见到他们就像对待瘟疫一样——躲得远远的。

一天,白人姑娘玛丽在沙滩上进行日光浴,因为太累,在不知不觉中她竟然睡着了。她这一睡,已经不知不觉地到了傍晚,太阳都下山了。此时,玛丽才意识到自己已经一天没吃东西了,于是就近来到一家餐馆。

她像平时一样推门进入餐馆,随便找了个空位置坐下。不知不觉20分钟过去了,居然没有一个侍者走上来为她服务。服务生对其他客人招呼得非常热情,但是对她却视而不见,就好像她是空气,她站起身来准备找负责招待的服务员理论一番。

当玛丽站起身来,刚准备找人理论时,看到面前有一面大的落地镜。她看到镜子中现在的自己,眼睛里充满了泪水。

长久的日光浴已经将她白皙的皮肤晒黑了!她切实地体会到了种族歧视的痛苦!

玛丽之所以能获得这种感受，就是通过"他人"完成了这个体验的动作。这个"他人"就是镜子，镜子帮助她做了一次角色转换，镜子里的她"旁观者清"。

李开复曾写信鼓励大学生创业，在信中他为大学生朋友们讲了这样一个故事。

"我的手下曾经有一个不够自觉的人。他不是没有能力，但是他总是把自己的存在看得太过重要，觉得自己绝非池中之物，总是把自己抬得很高，对现在的境遇和情况不满意。前一段时间，他觉得我没有眼光，没有发现他这匹千里马，就不愿意在我这个组继续干下去了，想去其他组开创一片新天地。但是，绕了一圈之后，他发现自己也没有发展得更好，其他的同事对他并不满意、评价也不高，大家都觉得这人对自己定位不清，过于自我满足。后来，他被迫离开公司'另谋高就'。新来的这个人不仅能力强，而且很上进。这个人此前的工作并不是非常优秀，他也知道自己的职位提升得有些太快了，于是就主动提出降一级，要脚踏实地为今后长远的工作打下坚实的基础。现在的他工作游刃有余，非常优秀。

"如果之前的那个下属能足够幸运地看到这些评价，假如他能学会从别人眼中看自己，跳出'当局者迷'，这样他对自己的认识恐怕会有质的飞跃。"

反省助你破译自我魔镜

人类走很多弯路说到底就是因为对自己认识不清。例如,经过漫长的历史演变,人们的眼睛只能朝外看,看别人就全是缺点,但是却看不到自身存在的不足。为了清楚地照见自己,镜子应运而生,但镜子照到的只是表象,再透亮的镜子也照不到人的内心世界。如果想真正地照见自己,就离不开能照见自己内心的镜子。

林肯说过:"即便我再狂妄,到了老的时候,我肯定不会大言不惭、狂妄自大,一点自知之明都没有。"他愿意随时反躬自问,因此赢得了身边人的尊重和爱戴。面对南北战争中自己犯的错误,他马上真诚地写信承认:"我现在承认在这件事情上,我的的确确做错了……"

一位学者曾经说:"当我用某种方式处理问题却没有取得成效的时候,我必须意识到自己某方面能力的欠缺。也许我还需要别人的帮助,或者随着事情的进一步发展我会找到更好的办法。不管如何,人必须敢于承认错误,这是进一步解决问题的前提条件。"

的确，那些经常反躬自问的人，才有可能超越自我，成就非凡的人生。

古今中外许多杰出的人物都是善于反躬自问的人。《论语》中记载："吾日三省吾身，为人谋而不忠乎？与朋友交而不信乎？传不习乎？"人只有进行深入、细致、全面的自我剖析，才能准确、客观地对自己做出评价。也只有这样，才能克服缺点，掌控情绪，成为一个理智、冷静的人，才能有更多的收获、取得更大的成就。

20世纪80年代初，艾科卡拼搏进取，努力奋斗，挽救了克莱斯勒公司走向衰落的危机。他的故事被当作传奇广泛流传着。在很多分析人士看来，在艾科卡一系列的改革举措中最重要的，就是从管理层面入手，调整发展战略，加上持之以恒和坚韧不拔的毅力，在全体职员的努力下做到了"反败为胜"。

新官上任三把火，为了改变公司不景气的状况，艾科卡组织全公司由上到下进行全面深入的自省。周末，领导层都在疗养所里，对自己及各自领导的部门进行深刻彻底的反省。在安静的环境下，人能静下心来想清楚很多问题。公司的一位管理者曾说："大家都以公司利益为重，危机感十足，都愿意为公司的发展尽一分力量，并且将其视为自己应该为之奋斗一生的事业。"

经过一个星期全面的反省之后，公司还组织各部门人员到相关企业去取经、参观学习，同时，毫不留情地辞退那些不懂行又不称职的管理者。这样做，实际上是减少成本，也就减少了许多可以避免的派系矛盾。艾科卡还注意到一个问题，对待下属不能滥发各种指令，因此他自己也学会了主动放权。

反躬自问不仅仅是正视自己的缺点和不足，同时也是借此机会进一步挖掘自身的潜力。

认识了自己，你自身就是蕴含着宝贵财富的金矿，你的人生才能多一些精彩和成功。认识了自我，你就已经取得了一半的成功。

那些手执长矛、在困难面前毫不畏惧的人可以获得勇士的称号，而那些敢于进行深刻自我反省，让自己的人生得以发展提升到新的高度的人更是真的勇士！

自省就是自我反思和剖析，目的是克服自身的缺点，进一步完善自己。自省，也是心灵的净化。情商高的人都知道了解自我的最佳方式就是自省。

自省立足实际，是一种积极向上的心理状态，有利于进一步消除人格缺陷及不足。自省的对立面是自高自大，与自馁、自卑心理有本质上的差异。

从心理上看，自省旨在找寻积极健康的情感和乐观坚强的意志。狂妄自大、妄自菲薄的消极情绪都不是自省的内容，拥有自尊自信、自立自强等积极情绪，获得积极健康的心理品质才是自省的最终目的。

人们反躬自问，有助于克服消极、病态的心理，重塑纯洁的灵魂。经常进行自省对人格的不断进步、完善是非常有帮助的。自省也是一个人成为强者的一个重要的标志。

许多成功的人都是在自省中让自己变得更强大，在不断的自我反省中超越自己。可以说自省是奋斗者必不可少的品质。

自我反省很重要。人想要清楚地认识自己，对自己有一个中肯切实的评价，就必须学会自我反省。而那些懂得反躬自省的人，才是真正有大智慧、大谋略的聪明人。

著名的哲学家亚里士多德就提出这样的观点，自我认知对人而言是最困难的事情，正如拿着手术刀去解剖自己一样。

自省的目的不是一味地寻找缺点打击自己，因为打击自己也是无济于事，不如从缺点中总结出合适的方法来完善自己。事实上写"自省日记"是非常不错的方式。所谓"自省日记"就是在日记中将自己做的事情都记下来，好在什么地方、不足之处又是什么，用"自省日记"的方式给自己不断的精神激励。

纵观历史上那些伟人先哲，大多是懂得自省的人，我们何不向他们学习，以他们为榜样，每天认真自省呢？

第三课

懂得自我管理

不要轻易发怒

喧嚣的都市，匆忙的步伐，快节奏的生活，一切都像在赛跑。这样的生活，人一浮躁，就难免会产生情绪波动，难免会急躁。如果恰有不顺心的事横加阻挠，一时心绪又不稳定，那么，大发脾气将在所难免。每个人都有喜怒哀乐，这当然无可非议。但是，遵从一定的度方可尽善尽美，听之任之，则会使其成为人生成功的一大障碍。

生活中，我们通过感受周围的事物而形成自己的观念。但是，做出是非曲直的判断，这一过程是由我们的心灵来进行的。然而，我们的心灵常被不好的情绪干扰，使我们的想法与做法出现种种偏差。成功的人能成功地驾驭自己的情绪，而失败的人则被自己的情绪驾驭。如果一个人愤怒时不能控制怒火，周围的合作者就会因不敢招惹他而望而却步；消沉时放纵自己以致萎靡，更是将许多稍纵即逝的机会白白错过，须知时不再来也。

"气大伤身"，是亘古不变的真理。无论是什么原因产生的愤怒，都会影响人的身体健康。现代医学认为，人发怒时会使消化系统功能紊乱，使体内的肾上腺激素含量显著增高，导致心跳加快、冠状动脉痉挛、心肌缺血、心绞痛、心律失常等。情绪失控十分不利于健康，发怒其实是拿别人的错误惩罚自己。

这使我们不禁想起一位既能制己之怒，又能激他人之怒，以怒杀人的"职"场高手，即《三国演义》中的诸葛亮。

在魏主曹睿封76岁的王朗为军师迎战蜀兵时，本想"只用一席话，管教诸葛亮拱手而降，蜀兵不战而退"的王朗，却在与诸葛亮的口舌之战中被诸葛亮的三寸之舌气死。诸葛亮三气周瑜，他盛怒之下，疾呼"既生瑜，何生亮"，最后口吐鲜血而亡的故事更是人人皆知。

发怒固然有损健康，但若一味克制，积存过多的怒气而不发泄出来同样对健康无益。正确的处理方式是采用恰当的方式释放心中的怒气。修身养性、宽容待人是克服怒气的最好方式。遇到不称意的事时，要沉着冷静，保持理智，不要感情用事，用平和的心态面对突然的险境，用智慧处理突发的危机，这样才能走出低谷。

坏情绪会来，也会去。这不值得恐慌，应轻松面对、接受。

接受情绪才能管理情绪

接受情绪是情绪管理的一个重要步骤。情绪本身不受意愿的控制,似乎在人的身体中自然发生,说来就来,说去就去。例如,面对一个号啕大哭的小孩子,我们不要说:"不许哭,否则拐卖孩子的人来抓你了。"这样,孩子的情绪不但没有被接纳,反而加剧了孩子的恐慌。"男孩子怎么可以哭呢?"听了这样的话,孩子心里会产生愧疚感。要知道,一个小孩的自信,往往是被我们这些不懂得如何来爱孩子的父母所摧毁的。正确的做法是,鼓励孩子大胆表达自己的内心感受,并用语言描述孩子的感受,与孩子达成情感的共鸣,从而进行交流。

在大多数情况下,人都在努力压制自己的情绪。当情绪和自我认知不一致时,我们会觉得痛苦不安,通常还会否定自己的情绪,这种做法无形地给我们自身增加了很多压力。

在我们的文化中,对情绪的理解一直有偏差,认为产生情绪对一个人的成熟、修养有所损伤,所以,希望人们最好不要

"有"情绪。其实，情绪对一个人而言是非常自然的一种状态。

所以，在我们识别了情绪的真相后，下一步要做的就是接受自己的情绪。所谓接受，就是不加指责地承认情感的真实性，并无条件地承认自己有权表达这一情感。

虽然我们的某些情绪产生的原因是不当的，某些消极情绪也不被认可，但我们首先应该接受它。因为只有接受情感，才能把内心的情绪充分发泄出来，才能将消极情绪冲淡、化解，减轻内心的焦虑和不安全感，最终有利于情绪重建和情感表达，进而形成积极向上的情感状态。

假如你做到了接受情绪，那么，问题就过渡到下一步——用合适的方式表达情绪。不管是谁，表达自己的情绪都是必要的。这是因为：

第一，情绪没有表达出来，你的内心是封闭的，周围的人无法了解。信息被困在心中，就像戴着面具一样，最终的情绪爆发可能会让你失控。

第二，情绪没有表达出来，就剥夺了自己获得所希望的结果和行为的机会。比如，面对你欣赏的某个人，如果不表达出来，他永远都不会知道有一个欣赏他的人存在。

第三，情绪的积累会产生身体上的压力，过大的压力会以疾病的形式向你宣战。

第四，不表达自己的情绪，别人就无法了解你。情绪能反映一个人的个性，你关闭了情绪表达的大门，同时也就关闭了与朋友、家人、同事心灵接近的机会。

◇ 掌控情绪，克制愤怒 ◇

▲ 愤怒对问题的解决没有任何帮助，只会让事情变得更糟。

▲ 悲观的心态可以使希望泯灭，只有保持乐观的心态才能创造希望。

▲ 情商的重要作用，就在于它能帮助你坚持到底，永不放弃。

▲ 面对他人的指责，我们用博大的心来宽恕，这是最好的解决方式。

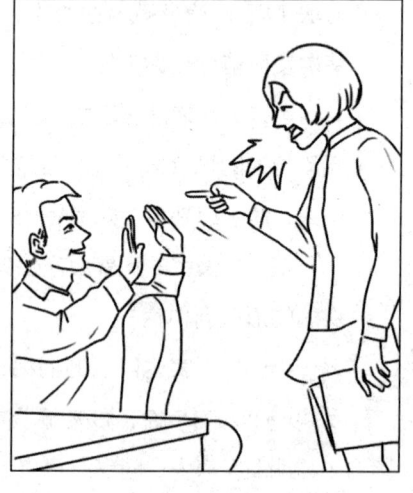

用宽大的胸怀包容他人

假如有人攻击你,将你原本引以为豪的东西贬得一文不值,此时,你是愤怒还是控制自己的情绪呢?

毕加索可能是有史以来最富有的画家。他的画不像传统的风景画那么直观,在他的画里充满了神秘色彩,人们也逐渐发现了这种画的价值。在1967年,毕加索的一幅画竟然卖出了五十多万美元的高价,这是画家生前卖画的最高价钱。

直到1973年毕加索去世时,他的1000幅画至少值2500万美元,他堪称最富有的画家。数十年来他一直是欧洲画坛的领军人物,他打破了传统的绘画法则,首创立体派,在绘画时融入自己的想象,因此,他所画出的并不是看到的表象,而是深入本质直至灵魂的。

此外,毕加索更让人佩服的是他的气度。通常画家都不愿听别人对自己的作品指指点点,但是毕加索就不会如此，他的绘画理念是，立体派能表现最完整的意念。

他的画能够为人们构造一个全新的世界，于是，他画出来后，有人批评他的画。大家都以为毕加索一定会非常愤怒，谁料他打趣地说："我不懂英文，英文对我来说就像一张白纸，但这并不表示世界上没有英文。因此，对自己不懂的事，也怪不得别人。"

还有人不理解他，认为他画了一堆大家都看不懂的东西，根本就没有传统画那么优美、有意境，还嘲笑他的作品像小孩涂鸦。面对这样的讥讽，毕加索非常平静，他只是诙谐地说："我十五岁时，已经能画出拉斐尔那样的画。然而学了一辈子，水平也只和一个小孩子差不多。"

毕加索是世界上最伟大的画家之一，这不仅是因为他在画作上的成就，还在于他伟大的人格魅力和博大的胸怀。对于别人对自己画作的讥讽，他总以幽默的方式化解，同时也不失自己的尊严。试想，如果毕加索愤怒地反击他人对他的嘲笑和指责，实际上是在一点点地摧毁个人的创作灵感，因为愤怒本身就是一种自我毒害。所以，面对他人的指责，我们就用一颗博大的心来宽恕吧，因为宽恕是最好的解决方式。

克制愤怒

愤怒的情绪就像一股无名的烈火燃烧着你的整个身心，它对事情的解决没有任何帮助，只会让事情变得更糟。当愤怒的情绪在你的身体里涌动时，你首先要学会克制，然后再寻找一种恰当的方式发泄出来，但一定不要针对当事人。因为这不仅会进一步伤害对方，还会加剧愤怒的情绪。

一天，陆军部长斯坦顿来到林肯总统那里，满心怨气地对他说："一位少将用侮辱的话指责我偏袒一些人。"林肯总统建议他写一封信无情地回敬那个家伙："可以狠狠地骂他一顿。"于是，斯坦顿马上拿笔写信将那人臭骂一顿，然后拿给林肯总统看。

"对了，对了，"林肯总统高声叫好，"就要这样子，好好地训他一顿，真是写绝了，斯坦顿。"但是当斯坦顿把信叠好装进信封时，林肯总统却叫住他，问道："把信装进信封干什么？""寄出去呀。"斯坦顿有些摸不着头脑了。"不要胡闹,"林肯总统大声地说,"这信绝对不能寄出去,快把它扔到炉子里去。凡是生气时候写的信,我都会看过之后把它烧掉。这封信写得很好,写的时候你已经解了气,现在感觉好多了吧,那么,就请你把它烧了,如果感觉还不好,那你就再写一封信骂他。"

林肯总统自己也遇到过类似的情况。他认为,人都会遇到内心烦闷压抑的时候,这种不满情绪堆在心中是有害的,反击回去或发泄给他人,都不是上策。持续的愤怒会变成仇恨,一直带着仇恨会让人头脑不清,变得愚蠢。愤怒一旦与愚蠢携手并肩,就会使你做出许多后悔莫及的事情。

南北战争接近尾声时,李将军率领的南部军队大势已去。林肯总统眼看胜利即将到来,要求部队指挥官米德将军马上乘胜追击,然而米德将军一直犹豫不决,没有乘胜追击,反而花了许多时间和部属召开军事会议,议而不决。等他议定要出兵追击时,敌军早已逃之夭夭、不知去向了。

林肯总统对米德将军的作为非常恼怒,给米德将军写了一封措辞十分严厉的信,表达其心中强烈的不满。

米德读了这封信的反应如何?不知道,因为他绝对不会读到这封信!林肯总统写完这封信,把它收了起来,没有寄出去。直到他遇刺身亡,人们在整理总统档案时才看到了这封信。

乐观才有希望

悲观的心态可以使希望泯灭，只有保持乐观的心态才能创造希望。我们对事情要有趋向正面的态度，而不要采取反面的态度。

凯利斯是大学的一个教员，多年的讲坛生涯使他疲惫不堪，此外还有鸡毛蒜皮的琐事困扰着他，使他的身体状况越来越糟糕。他先是得了猩红热，猩红热治愈了以后，却发现又得了肾病。他去找过好多个医生，甚至去找过"密医"，但是医生们都对他的肾病束手无策。

过了一段时间，凯利斯发现自己又得了另外一种并发症：高血压。医生已经给他下了病危通知书，让他准备好后事。

凯利斯家笼罩在一片阴郁的气氛中。朋友和家人无比难过，凯利斯本人更是深深地沉浸在颓丧的情绪里，整整一个星期，凯利斯悲痛欲绝，不能自已。

有一天，凯利斯突然想到，自己这么做真是愚蠢。他对自己说："你在一年之内恐怕还不会死，那么，趁你还活着的时候，为什么不快乐地活着呢？"于是，他决定改变自己的精神状态。

首先，凯利斯做的是弄清楚自己的保险金是否都已经付过了，接着将自己以往的过错向上帝忏悔。做完这些之后，他试着挺起胸膛，让自己保持微笑，表现出好像一切都很正常的样子。

开始的时候，这对他来说非常困难，但凯利斯还是强迫自己开心、高兴。渐渐地，他发现自己这样做不但有助于改善家人的沮丧情绪，更有利于自己的身体健康。凯利斯开始觉得好多了——几乎好得跟他装出的一样好。

这种改进持续不断，很多年后的今天，凯利斯不仅活得好好的，原来的高血压现在也恢复正常水平了。

通过笑对病魔，进而战胜病魔，凯利斯明白了这样一个道理：当他改变了自己的心情之后，一切也会随之发生改变。

坚持就是胜利

情商之所以能发挥出异乎寻常的作用，关键在于它是对现实的能动适应。只有处在具体的现实情境中，情商才能有所作为。在逆境中，人的情绪会极度消沉，而情商高的人则能迅速调整自己走出失败，拯救自己。

罗斯福是美国历史上最伟大的总统之一。就任期间，他实行新政，有效地缓和了美国的阶级矛盾和经济危机，推动了美国经济的发展。第二次世界大战爆发后，他力排众议，打破了美国的孤立主义，使美国与英国、苏联结成联盟，为打败法西斯做出了巨大的贡献。

罗斯福连续四届当选美国总统，打破了自华盛顿以来不连任两届的传统。人们被他那贵族的气质和从容不迫的举止征服，大家这样评价罗斯福：没有哪一位美国总统能那样有效地集政客、鼓动者和导师的品质于一身，作为一个伟大的人物，这些品质是不可或缺的。

事实上，作为一位优秀的政治家，罗斯福用权术与计谋来达到政治目的的水平可谓技艺高超，但促使他走向成功的是他的创新精神和顽强的意志品质。

当年，正当罗斯福的事业蒸蒸日上之时，他却遭到了一连串的打击。

1920年，罗斯福和搭档詹姆斯·考克斯代表民主党竞选总统和副总统，竞选失利后，他暂时退出政坛，回家休养。

在芬迪湾的一次游泳后，罗斯福突然感觉双腿无力，然后就失去知觉了，一个有着光辉前程的硬汉子一下变成了一个卧床不起、什么事都需要他人照顾的残疾人，可想而知他受到了怎样的身体和精神折磨。

最初，罗斯福也悲痛欲绝，认为上帝把他抛弃了。但是奋力向上的精神和顽强的意志并没有使他放弃希望。治病期间，他仍然不停地看书，也没有停止对社会和人生的思考，勇敢地面对自己的疾病，积极配合医生进行治疗。

经过疾病的折磨，勇敢的罗斯福变得更加坚毅。

罗斯福亲身为民众诠释着他就职演说的战斗口号"无所畏惧""我们唯一值得恐惧的就是恐惧本身"。他不怕失败，勇于尝试，敢于打破常规，有创造性的想法，有魄力，有远见，最终把美国引上了一条新的发展道路。

第四课

具备逆境情商

成功路上需要挫折

困难与挫折经常围绕着我们。在意志薄弱者面前,挫折犹如一道万丈深渊,会使他们一蹶不振;然而在强者面前,它们则是推动前进的动力。

南美洲有一种鹰。这种鹰动作敏捷,飞行速度极快,被它发现的小动物一般都难逃一死。原因是:这种鹰在出生后不久,便会受到母亲"残酷"的训练,在学习飞行的过程中,它们的翅膀会被折去大部分骨骼,但他们的骨骼再生能力很强大,只要忍住剧痛,不断震动翅膀,使翅膀不断充血,用不了多久就可以痊愈,这样翅膀会更加强壮有力。一些雏鹰忍住了剧痛,最终就能成功地在空中翱翔。

成功路上有很多困难是我们难以预料的。我们要有坚毅的精神,从挫折中汲取营养,从每次的失败中吸取教训,才能走向成功。

　　回首中华五千年历史，每一个有所成就的人都是从挫折与苦难之中磨炼出来的。挫折使勾践卑事夫差三年，历尽艰辛，成功灭掉吴国，成就了一番伟业；挫折使司马迁含冤被投入狱中，遭受腐刑，成功使一部《史记》留得后人赞叹；挫折使剧作家曹禺三次落榜，从医梦破灭，成功使《雷雨》《日出》等作品让人深受感染。试问，如果没有挫折，他们能否成就辉煌、名垂青史？很明显，平静的湖面练不出精悍的水手，安逸的环境造不出时代的伟人，成功的道路上离不开挫折的身影。

　　有一个博学的人非常生气地质问上帝："我是个博学的人，为什么你不给我成名的机会呢？"上帝无奈地回答："虽然你很有学识，但样样都只尝试了一点儿，不够深入，用什么去成名呢？"

　　那个人听后便开始苦练钢琴，尽管琴艺精湛，却依旧名声不振。他又去问上帝："上帝啊！我已经精通了钢琴，为何我依旧这样毫无名气呢？"

　　上帝摇摇头说："机会是自己争取的，第一次我暗中帮助你去参加钢琴比赛，你缺乏信心，第二次缺乏勇气，这只能怪你自己。"

　　这人听完上帝的一番言语后，又苦练数年，建立了自信心，并且鼓足了勇气去参加比赛。他弹得非常出色，却因评委的偏心而与成功失之交臂。

　　那个人心灰意冷地对上帝说："上帝，这次我竭尽了全力,这是上天注定,我不会出名了。"上帝微笑着对他说:"其实你已经快成功了,只需要再往前走一小步。"

"走一小步?"他瞪大了双眼。

上帝点点头说:"你已经得到了成功的入场券——挫折。一旦你拥有了它,便就是拥有了成功。"

这一次那个人牢牢记住上帝的话,最后果然获得了一番成就。

我们每个人都会面临各种挑战、各种机会、各种挫折,你承受挫折的能力决定着你未来的命运。成功不是一个海港,而是一场危机四伏的旅程,人生的赌博就是在这次旅程中做个赢家,成功永远属于那些永不言败的人。

若将幸福、欢乐比作太阳,那么不幸、失败、挫折便可以比作月亮。任何人不可能永远生活在阳光下,没有失败的生活是不现实的。挫折是成功的入场券,能使人走向成熟、取得成就;但也可能破坏信心,让人萎靡不振。

"天将降大任于是人也,必先苦其心志,劳其筋骨,饿其体肤,空乏其身,行拂乱其所为,所以动心忍性,曾益其所不能。"在人生的旅途中,挫折是在所难免的,要想有所作为,就不应屈服于命运的安排。少些愤怒,少些抱怨,因为挫折能磨炼一个人的意志,挫折能锻炼一个人的品行。它也是通往成功的第一条道路。

◇ 坚强意志，战胜逆境 ◇

强者能够胜利，是因为他们在面临困境时，总是采取积极的态度。你要努力学会把握机会，积极去面对困难，解决问题，让自己成功。

压力即动力

现代生活中，每个人都可能遭遇挫折。面对困难，许多人常常会痛苦、自卑、怨恨，失去希望和信心。

挫折本身没有丝毫的意义，只有面对逆境的人内心产生某种压力时，它才会存在。通常情况下，人们所面临的压力有很多种。逆商从某种意义上讲也是测试抗压能力的一种标准。高逆商者抗压能力强，反之亦然。

不是每个成功者都具有超常的能力，命运之神也不会给予任何特殊的照顾。相反，几乎所有的成功者都受过诸多打击，他们是从不幸的境遇中奋起前行的。他们觉得，压力就是动力。

著名心理学家贝弗时奇说得好："人们最出色的工作大多时候是在身处逆境的情况下做出的。思想上的压力，甚至肉体上的痛苦都可能使精神兴奋起来。很多杰出的伟人都曾遭受过心理上的打击，遭遇到各种各样的困难。"他还指出："忍受压力而不气馁，是成功的要素。"

高逆商者的表现是具备良好的抗压能力，这也是塑造立体人必修的一课。当压力来临时，应该想到的是"摘取成功之果"的机会来到我们面前了。

受挫后，要及时自我调整，否则会影响工作、生活，还严重影响人的健康。受挫后怎样防止消极结果的产生呢？现提供几种心理对策。

倾诉法。将自己的心理痛苦向他人倾诉。适度倾诉，能够把失控力随着语言的倾诉逐步转化出去。倾诉作为一种健康防卫，效果非常好。如果倾诉对象具有较高的学识修养和实践经验，将会对失衡者的心理给以适当抚慰，重新燃起他的希望。受挫人会在一番倾诉之后收到意想不到的效果。

优势比较法。想想那些处境不如自己的人，通过挫折程度比较，将自己的失控情绪逐步转化为平心静气。然后寻找分析自己没有受挫感的方面，找出自己的优势，从而加大挫折承受力。挫折同样蕴含力量，挫折刺激能激发潜力，正确利用挫折的刺激，将自身的潜力挖掘出来。

目标法。挫折干扰了自己原有的生活，摧毁了本身的目标和向往，重新寻找一个方向，确立一个新的目标，这就是目标法。目标的确立，要经过思考，这是一个将消极心理转向理智思索的过程。一旦明确了目标，犹如心中点亮了一盏明灯，人就会生出调节和支配自己新行动的信念和意志力，从而排除挫折干扰，为获得成功而努力。目标的确立是人内部意识向外部动作转化的中介，也是深化思想的重要过程。目标的确立标志着人已经从心理上走出了挫折，步入争取新的成功的历程。

将挫折变为动力

人生既有逆境又有顺境。其实，在成功路上折磨你的事，背后都隐藏着激励你奋发向上的动力。换句话说，若想获得成功，必须懂得如何将别人对自己的折磨，转化成一种让自己克服挫折的磨炼，使自己变得成熟，变得更强大。

生活中我们无法选择迎面而来的是风暴或艳阳，但我们可以选择怎样去面对它。布拉德·莱姆里在《炫耀》杂志中写道："问题不是生活中你遭遇什么，而是怎样对待你所遭遇的一切。"这是米歇尔说过的话。他是白手起家的百万富翁、备受关注的演说家、前任市长、河流筏夫、空中造型跳伞运动员，这些成功都是在他遭遇过无数次的失败后获得的。

米歇尔脸上移植了各种颜色的皮肤，两手的手指要么是缺失，要么就只剩下残根。他瘫痪的双腿耷拉在那儿，又细又长。米歇尔说有时人们总在猜想他的伤从何而来。一场车祸，还是战争中的牺牲品？但事实远比想象更残酷。

1971年6月19日,他还处于世界的顶峰。

他回忆:"那天下午,我骑着摩托车去工作,撞上了一个大卡车。摩托车压碎了我的胳膊和骨盆。卡车上的油缸破裂,流到摩托车上的汽油被炙热的引擎烧着了,我身上65%的皮肤被烧伤。"幸好旁边车队中一个反应比较快的人用灭火器扑灭了他身上的火,总算是保住了他的命。

虽然留下一条命,但米歇尔的身体已严重受伤。第一次看到他的人几乎都会晕倒。他失去知觉,昏迷了半个月之久。

四个月内他输血13次、皮肤移植16次并做了若干次其他手术。即使如此,他依旧无法自行进食,无法拨电话,也没法上厕所。经过艰苦的恢复期,他终于可以过正常的生活了。此后,他为自己买了一幢房子,与几个朋友共同经营了一个公司。生活似乎又充满了希望。四年后,厄运又一次降临。他又在一次飞机事故中受到严重伤害,腰部以下瘫痪。他说:"当我告诉别人这两次事故时,他们都无法相信。"

在那场飞机失事后,米歇尔在医院的健身房看到一个年纪轻轻的病患。"那个家伙也瘫痪了。他以前曾是个积极的户外运动者,瘫痪后他认为自己的生活完了。我对他说:'你明白吗?过去我可以干10000种事情,而现如今我只剩下了9000种事情可以做。我可以花整整下半生来惋惜那失去的1000种,但我要集中注意力完成那剩下的9000种事情。"

尽管他想要的并不是很多,行动也是十分的困难,但米歇尔却拿到了公共行政硕士学位,并继续他的飞行活动、环保运动及公共演说,最后还成了受人爱戴的演讲家。

米歇尔谈到他成功的秘诀有两个。第一是朋友、家人的支持,另一个是他从各处领悟的人生哲学。他强调:"我是我命运的主宰者。这是我个人的盛衰沉浮,我要把它看作命运对我的玩笑,更是一个新的起点。"

我们都会遭受挫折,可能是被女友抛弃,可能是在一次学校竞选中失利,可能被人揍了一顿,可能被你所中意的学校拒绝,可能患有重病。只有在这些关键时刻能积极处世,才可以超越挫折。

精彩的人生是在挫折中铸就的,挫折是一个人的试金石。"不经历风雨,怎能见彩虹?"多少次浴血的跌倒与爬起,不管经历过了多少磨难,就仿佛花开花落一般,为我们今后的人生增添了无数的经验。不要畏惧挫折,唯有经历了挫折,把挫折当作我们前进的动力,我们的双腿才会更加有力,人生的足迹才会更加坚实。

身处逆境不气馁才能成功

世上没有什么事是一帆风顺的。只成功不失败实际上是对事物演进法则的背离。常言道,失败是成功之母。卡耐基说:"迈向成功的路是由一次又一次的失败铺起来的。"失败是到达成功尖峰的阶梯,人非生而知之,只有在遭遇失败之后,才能从中吸取教训,下次做得更好。

当你处于困境的时候,不要灰心,凡事都会有转机,不懈地努力一定会获得成功。

1998年李嘉诚面对香港电台采访时说道:"身处逆境时,你要问自己是否有足够的条件成功。当我自己处于困境的时候,我认为我能够!因为我有毅力……肯树立一个信誉。"因此在创业最初,尽管他没有资金进行扩大再生产,凭借着信念,他仍在竞争激烈的商场中脱颖而出。

有一次,他的产品被一位批发商看中,约他次日到酒店商议合作之事。第二天，李嘉诚带着样品到批发商入住的酒店。这9款样品得到了批发商的赞赏，批发商声称这是他所见到过的最好的3组产品。望着双眼熬得通红的李嘉诚，批发商心里便知道了一切，诚恳地邀请他同自己谈生意。

李嘉诚坦诚相告："谢谢您的厚爱。这样的合作机会的确来之不易。可是十分抱歉，我没有找到殷实的厂商为我作担保人。"

接着，李嘉诚同批发商诚恳说明了长江公司白手起家的发展过程和现在的情况，恳求批发商能相信他的信誉和能力。

批发商对李嘉诚的经商原则很感兴趣。批发商相信自己的眼光，他相信这个诚实又极富才华的年轻人。他微笑着对李嘉诚说："你不必为担保的事操心了。我相信你完全可以做自己的担保人。"

接下来的谈判在轻松的气氛中进行，李嘉诚很快得到了第一单购销合同。批发商按协议提前交付货款，终于缓解了资金的压力。

古往今来只有身处逆境且不放弃自己的理想与抱负的人，才能够成长为强者。

困难磨炼坚强毅力

困难与事业并存，烦恼与成功同在。与挫折困难做斗争的人，既要冒着失败的危险，又要面对无尽的烦恼；取得成功的人，也要不断面对新的不如意。人人都有烦恼，乞求没有烦恼的生活只是空想，只是在追求虚幻，等于与世隔绝。

坚强地对待失败和消极地对待失败结果是不同的。坚强的人一方面根本不惧怕困难，另一方面他们又高度重视困难，冷静地、深刻地研究和剖析失败，分析它的原因，找出摆脱失败的办法。这种明智的态度可以大大地提高克服困难的能力。有一种人面对困难，虽然具有勇气，但只是盲目地去解决它，看起来很坚强，但却解决不了任何问题，有时还会导致进一步失败，最终造成无可挽回的局面，这是不可取的。

失败并不可怕，可怕的是你不明白自己为什么失败。不知道败在哪里，以后就可能继续在同一个地方失败；知道自己败在哪里，就可以明白导致失败的因素中，哪些是主观的，哪些是客观的，哪些自己完全可以掌控好，哪些是需要依靠他人的帮助，进而改变那些可以改变的，接受那些不能改变的，或者在根本不能改变的情况下干脆放弃原来的方法，寻求新的解决办法。因此，必须搞清楚自己究竟败在哪里，这非常重要。

在失败的原因问题上，有个人特殊的原因，也有大家普遍存在的问题。一般情况下，应从以下方面去寻找：

1. 客观环境方面的原因

客观环境方面的原因主要有以下三点：

（1）自然环境。这主要是指由于气候或地震、洪流等自然灾害造成的困境和失败。例如，自然灾害造成农民收入很低，对许多农民来说无疑是个困境，由此可能导致他们多方面的损失。

（2）物质环境。这主要是指由于物质的缺乏（包括金钱的缺乏），人们最终以失败告终。一个人要办企业，却没有必要的资金，便没有办法达到自己的目标。

（3）社会环境。每个社会和文化环境中，都有一些道德约束的力量，对人们的成功和失败构成极大的影响。特别是社会制度、法律制度等，可能更加束缚人的行为。某些不利因素就可能导致失败，而这种因素一般为人力所不能掌控的。

2. 个人方面的原因

一些心理学家认为，个人方面的原因主要有：

（1）个人目标是否适宜。个人在追求成功的过程中，必须设定某些目标。一般说来，设定目标应当从实际情况出发，结合个人的特点和条件，使之成为成功的指向标。目标正确，成功就有望；目标失误，也就不要指望会成功。很多人的失败就在于目标脱离实际，缺乏足够实现目标的条件，或者把目标建立在幻想和贪欲的基础上。这样的目标是很难实现的，目标没有实现，就容易给人造成挫折感和失败感。

（2）个人能力的因素。要达到目标，个人能力必须达到成功的标准。很多人之所以失败，就是因为所追求的目标过高，凭自己的力量根本无法达到，即自己根本没有能力达到自己心目中的目标，因而总是与失败为伍。例如，在生活中，各种机遇很多，有的人很快成功了，有的人一夜暴富。于是，成功者的角色成为众人追逐的目标，成为众人模仿的对象。看到别人的成功，有的人不从自身的条件出发，也想在同样的领域获得成功，结果，由于自己的能力欠缺或素质不济，造成了失败。

（3）个人对环境的适应性。成功离不开环境的因素。有的人失败，是因为环境条件较差，如干部的政绩，好的政绩在条件好的地区容易实现；在条件较差的地区创政绩就比较困难，这肯定会影响干部的提拔和升迁；有的人失败可能因为不适应环境，有的人尽管很有才干，但却不能跟同事们搞好人际关系。试想，在这样的情况下，工作能干好吗？事业能成功吗？

3. 面对失败应把握的原则

成功的人都懂得，失败并不可怕，面对它要保持积极的心态，自己要有足够能力去应对失败。面对失败保持健康的心态应从以下五条着手：

（1）困难是每个人都必须面对的。挣扎奋斗的人，会有失败的危险，而且有许多烦恼；取得成功的人，总会伴随多多少少的喜悦，但经验证明，抵达终点的人往往比那些正在奋斗的人有更多的烦恼。

（2）每个难题都有解决的办法。月有阴晴圆缺，人有旦夕祸福。人的一生不可能永远好运常伴，任何人都可能会遭逢厄运。可是烦恼总会消失殆尽，难题总会随着时间推移最终得到解决。

（3）每个困境都有转机。任何问题都隐含着转机。成功来源于问题的产生。问题的产生总是为有才能的人创造机遇。一个人的困难，可能就是另一个人的转机。因此，不要怨天尤人，要努力去思考问题，抓住创变的机遇。

（4）每个难题都会对你产生影响，你不能趋利避害，但是，你能够决定自己的态度，控制自己的反应。你的反应能够增加或降低你所遭受的痛苦。你的反应决定一切，你的反应可以使你变得更坚定或更懦弱，决定你的处理是成功还是失败。你的态度决定一切。

（5）强者能够胜利，是因为他们在面临困境时，总是采取积极的态度。你要努力学会把握机会，积极去面对困难，解决问题，让自己成功。

坚持自我就能成功

小的时候，我们都有梦想，想做伟人，想成为世界首富，想策划许多有创意的事……总之，就是要过上精彩的人生，成为最杰出的人。

但是后来呢？当你真正有能力去实现自己的理想时，却有了太多压力。你耳边不断萦绕着他人的议论："别做白日梦了""必须有天大的运气或贵人相助"或"你太老""你太年轻"。

在这些议论的连番轰炸之下，你失去了曾经的勇气。不是你不可能成功做成这件事，而是太多的消极意见使你丧失了成功的勇气。只有那些真正意志坚定的人才能坚持下去走向成功，而且是接连不断地走向成功。

有一次，住在田纳西曼菲斯的克莱伦斯·桑德到快餐店就餐。他看到这里生意兴隆，顿时，他有了灵感：能不能在杂货店里也采取这种让顾客根据自己的需要挑选物品的交易形式呢?

随后他就把这个念头说给他的老板听,却被斥责道:"收回你这个愚蠢的主意吧,怎么可以让顾客自己选择?"

可是桑德不肯放弃,他相信这样的形式会让顾客感觉更舒服随意。

于是桑德辞去工作,自己开了一家小杂货铺,实现了这一理念。很快,他的小店就吸引了许多的顾客,生意相当好。后来,他又成功地开了多家分店。这就是当今风靡全球的超市的雏形。

还有人可能自小就受到了近乎残忍的判定。

贝多芬学拉小提琴时,技术并不高明,他宁可拉他自己作的曲子,也不去改善技艺,他的老师说他天生就不是干这一行的料。

歌剧演员卡罗素是家喻户晓的著名演员,可当初他父母却让他当工程师,而且他的老师则说他那副嗓子不适合唱歌。

发表《进化论》的达尔文当年决定放弃行医时,遭到父亲的斥责:"你不干正事,整天只管打猎、捉狗、捉耗子。"另外,达尔文在自传上透露:小时候,所有的老师和长辈都觉得我很平庸,在我身上人们永远不会想到聪明这个词。

沃特·迪斯尼当年被报社主编开除过,建立迪斯尼乐园前他也曾破产好几次。

爱因斯坦4岁才会说话，7岁才会认字。老师给他的评语是："很不合群，满脑袋不切实际的幻想。"他曾遭到退学的斥令。

法国化学家巴斯德在读大学时成绩不好，他的化学成绩曾排全班倒数第7名。

牛顿在小学时的成绩一团糟，曾被老师和同学称为"呆子"。

罗丹的父亲曾怨叹自己的儿子很白痴，在众人眼中，他是个没有任何培养价值的学生，艺术学院考了3次还考不进去。他的叔叔也曾绝望地认为他孺子不可教也。

《战争与和平》的作者托尔斯泰读大学时因成绩不好被劝退。老师认为他"既没读书的头脑，又缺乏学习的兴趣"。

这些人要不是坚持"走自己的路"，不理会他人的影响，又怎么会成功呢？

所有的石头都各不相同，平分秋色，之所以要走自己的路，只因为每个人都很特殊——永远不要忘记这一点！

保持积极心态

让我们首先看几道小学生做的算术题，然后在尽可能短的时间说出你的看法。这几道题目是：3＋4＝7，9＋2＝11，8＋4＝13，6＋6＝12。

每一次做这一项实验，90％的人会立即说：8加4等于13是错误的答案。他们说得很正确。但是，实际上，他们对另外三道正确的等式更应该注意，那就是：3＋4＝7，9＋2＝11，6＋6＝12。

这个实验说明了什么呢？许多人看问题总是会把注意力侧重于不好的方面，而对事情正确的一面则较少关注。

如果有10个陌生人从我们面前走过，我们大多数人会着重看这些人有缺陷的地方，如"这人是胖子""那人是秃子"等。

扪心自问，我们每个人都有过这样的经历：你做了100件好事，但有一件做错了，结果怎么样？别人对你的评价都侧重在你做错的这件事上。

所以说，如果我们大家常记得把视线投向积极的方面，那么这个世界会更加灿烂美好。

塞尔玛随着丈夫居住在沙漠的陆军基地里。丈夫到沙漠里去执行任务，她一个人留在陆军的小铁皮房子里，天气闷热不堪——在仙人掌的阴影下也有43℃。她孤独无聊——身边只有墨西哥人和印第安人，但他们却听不懂英语。她非常难过，于是写信给父母，说要丢开一切回家去。她父亲的回信只有两行，只是这两行字却使她刻骨铭心，完全改变了她的生活：

"两个人从牢中的铁窗向外望，一个看到泥土，一个却看到了星星。"

塞尔玛一再读这封信，内心十分羞愧。她决定要在沙漠中找到"星星"。

塞尔玛开始和当地人交朋友，他们对她也很友善，她对他们的纺织、陶器表示兴趣，他们就把自己喜欢并珍藏很久的纺织品和陶器送给她。塞尔玛研究那些引人入迷的仙人掌和各种沙漠动植物，又对土拨鼠有了兴趣。她观看沙漠日落，还寻找海螺壳，这些海螺壳是几万年前这里还是海洋时留下来的。就这样，原来她想离去的地方变成了令她兴奋、流连忘返的奇景。

使塞尔玛内心发生这么大转变的原因是什么呢？

沙漠没有改变，印第安人也没有改变，改变的是塞尔玛的心态。一念之差，使她把原先认为恶劣的情况当作了实现生命价值的经历。她为发现新世界而兴奋不已,并为此写了一本书,名为《快乐的城堡》。她从自身思想的牢笼眺望,终于看到了星星。生活中,失败、平庸者多是心态不正。遇到困难,他们总是挑选容易行走的倒退之路。"我不行了,我还是退缩吧。"这样他们只能得到失败。成功者遇到困难,仍然保持积极的心态,用"我要! 我能!""一定有办法"等积极的意念鼓励自己,于是便排除万难勇往直前,直至成功。

每个人都应该注意培养积极的心态。为此,可以从以下几个方面努力:

1. 经常清除消极思想

在我们的日常生活中,要经常清除心里的杂草,要常常怀抱乐观心态。如果你光看到自己生命中的灰暗面,强调各种可能的困难,那么消极的心态便会永远伴随你。你应该尽快清除无用的消极杂草,使得内心变得积极乐观。

2. 远离思想消极的人

你周围的人并不完全一样,有的是消极的,有的是积极的。有些人只对完成工作有兴趣,而有些人胸怀大志,为进步而工作。有的同事对领导的做法不屑一顾,有的则能客观地看问题,而且充分相信自己的上司一定是优秀的人才。

在我们的周围,总有那么一些小人,他们知道自己的才能有限,因而千方百计地想成为你迈向成功道路上的绊脚石,阻碍你迈向成功。许多有识之士,因想创造更多效益,生产出更多产品而受到冷嘲热讽,甚至受到威胁。

远离这些思想消极的小人，多与思想积极的成功人士交流，你会更加努力奋进！

3. 使用自我暗示的语句

只要是能激励我们积极思考、积极行动的词语，都可以作为自我提示语。

如果我们经常使用自我激发性的语句，并使自己的身心与这些提示语相合，就可以保持积极心态而抑制消极心态，形成强大的动力，最终获得成功。

4. 强化你的积极态度

心态积极起来后，还需要对其强化，否则，积极心态很难得到长时间的保持。下面是一些强化积极态度的建议：

（1）定一些明确的目标；

（2）清楚地写下你的目标以及达到目标的计划，还有为了达到目标你所要付出的代价；

（3）对达成目标要保持强烈欲望，使欲望变得狂热，让它成为你脑子中最重要的一件事；

（4）立即实践你的计划；

（5）坚定不移地照着计划去做。

努力改变困境

曾经有这样一个年轻人，他家境贫困，连父亲去世后买棺材的钱都是找亲朋好友借的。父亲亡故后，他母亲在制伞工厂上班，一天十几个小时的高强度作业，下班后，还带些按件计酬的工作回家做，一直忙到晚上11点。

在这种环境中长大的他，少年时有一次参加附近教会举办的话剧演出，他觉得很好奇，从而决心要学好演讲，这次偶然的经历为他日后从政打下了基础——30岁时他终于当选为纽约州议员，但当时他还没有履行议员职责的能力。

由于他的文化水平很低，所以总是有很多困难出现在他的工作中。当他阅读必须付诸表决的冗长而复杂的议案资料时，他完全莫名其妙，有如观摩天书一样；再有，虽然他从未踏进森林一步，却被选为森林法立法委员；而从未去银行办理过事务的他又被选为银行法立法委员会的一员。

他为此灰心沮丧，想要放弃，但终究未辞职，其原因是不想母亲知道他无法胜任议员职务这件事。

他选择了勇敢面对这种困境。他认识到，不必为自己知识的欠缺而难过，只有发奋图强才可以弥补一切。于是他下定决心，每天学习16个小时，认真钻研自己感兴趣的事情。

坚持不懈的奋斗终于使他从地方性政界要人变成全国性的政治家。

《纽约时报》曾表扬他是纽约最受欢迎的公民。

这个伟大的人就是亚当·史密斯。

你不必为自己没有进入理想的学校，或者一些以往的过失而耿耿于怀。相反，你应该更加努力地用平常心对待每件事情。

下面的这些事例可能会给你带来帮助：

高中毕业后，猫王选择了做一名司机。1953年，他用开车攒下的钱在孟菲斯市的一个录音棚里录制了一盘自唱自弹的磁带，并把它作为礼物献给母亲。机缘巧合，录音棚老板山姆·菲利浦斯听到他的歌声，被这个卡车司机独特的演唱风格和深深热爱音乐的感情打动了。山姆立即跟猫王签约，请他加入自己的太阳唱片公司。

玛丽莲·梦露，原名诺玛·吉恩·默顿森，是从美国洛杉矶走出的女子。1944年，梦露在军工厂流水线车间上班时，被一个陆军摄影师注意到了。摄影师请她当模特来拍几张宣传画，她从此走红。不久，一家模特中介公司与梦露签约，并把她带进表演班继续深造。1946年，她正式加入了二十世纪福克斯电影公司。

1958年，麦当娜出生在美国的密歇根州，高中毕业后进入密歇根大学，并获得舞蹈系的奖学金。但她两年后辍学，想在纽约寻找自己的新天地。成名之前，她在德肯油炸圈饼店里当售货员，之前还当过清洁工和衣帽间的侍者。

肖恩·康纳利1930年出生于苏格兰的爱丁堡，做过泥瓦匠、救生员等不起眼的工作。1950年他在"世界先生"健美赛上获得季军后，开始在电影里跑龙套，但生活来源还要靠给棺材刷油漆和上光。后来由于出演《诺博士》中的詹姆斯·邦德（007）一夜成名。康纳利共主演过六部007系列片，并获得第六十届奥斯卡最佳男配角奖。

如果你现在所处的是你总想逃避的环境，不要悲观，因为前面介绍的很多名人都曾有过与你相同的情况。

最重要的不是我们现在在什么地方、我们自身有什么条件，而是我们正在朝着什么方向迈进，要付出什么样的努力！

得到荣誉也要不断挑战

在多年前的一个颁奖典礼上，一位影星发表获奖感言时说："我父亲生前一直反对我放弃大学的学业。而今，我拿到了这个大奖，总算可以告慰父亲的在天之灵，说明我所坚持的这些是值得的……我很高兴，终于实现了自己的梦想。"

不可否认，这个奖项的确很高。他一辈子都可以手捧那个大奖回忆当初的荣耀。只是，我们应该想到，当他走下台后，那份荣耀也就成了过去。如果不继续努力，他也很难再创辉煌，那既有的荣誉又算得了什么呢？

美国著名影星乔治·斯科特在得到奥斯卡奖获奖通知时，没有去领奖，他对记者说："我得奖前后没有任何改变。"于是，他去挑战另一个演艺生涯。

有人认为诺贝尔奖对许多作家来说是"死亡之吻"。由于得到诺贝尔奖的肯定，许多人无法再创纪录。连日本著名作家川端康成在得奖之后都说:"声誉容易遏止人的才思……我希望从所有名誉中摆脱出来,享受自由。"

对于像川端康成那样在极大年岁才获奖的作家而言,一个大奖,使他感觉实现了人生目标,他决定在"最美的一刻"隐退,还能令人谅解。但是,如果年纪轻轻,只因为一个奖的肯定就停止自己的创作,则值得警醒了。

什么叫作成功？奥运金牌、金钟奖,或是名校文凭就意味着成功吗？这些都是一时的成功。

世界上的人很多,但有成就的并不多。在人生的整个过程中,始终都需要奋斗。人不管到了什么年龄,总要"生命不息,奋斗不止"。

人生就像登山,有些人登到顶峰,认为失去了奋斗的目标,于是颓然打坐;有些人回头,循着原来的路,一步步走下去;也有些人,抬头远眺,寻找新的挑战点,然后,走下这座山,攀向那座山。只有奋勇高攀、不断挑战极限的人,才能永远地立于不败之地。

勇于挑战极限

极限作为一个学科概念，它说明世间的万物都有自己的临界线——即便坚硬的钢铁，加热到一定的温度也会熔化而改变形状。

然而"极限"却在人的进步与生存中起着不可或缺的作用。因为人处处受到自身极限的制约——生命有极限，没有人能够长生不老；人的体能有极限，在体育运动中，世界纪录是全人类的极限，亚洲纪录是亚洲人的极限，中国纪录代表中国人的极限；人的精神也不是没有极限的，超过这个极限人就会发疯，或做极端反常的举动，更甚者会成为精神病人；人的实力有极限，我们周围一些差强人意的事情总是不能消失，经济发展到某一步就是无法再上升，不能从低谷爬上来。普通人有普通人的难处，当官的有当官的不易，连明星到一定程度也很难再大红大紫……

然而，命运还赋予人类一个永恒的使命，就是不断地挑战自己的极限，这也是为历史所证明的人类生存法则：承认极限，又不固步于极限，绞尽脑汁地突破极限。我们不得不遵守这个生存法则，否则人类自身以及赖以生存的社会环境、心理环境和物质条件，就不会发展到今天的程度。事实证明，人的极限是可以突破的。生命有极限，同时也蕴藏着无限潜力。

人类发明体育运动，就是为了鼓励人突破自己的极限。冲破极限者就是完胜者，百年奥运的历史留下了人类一次次突破自己极限的见证。百年前男子百米最好成绩是12秒，当时人们就认为12秒是人类的极限。以后的人们便一点点地突破：11秒，10秒，直至"黑飞人"多诺万·贝利以迅雷不及掩耳般的速度冲过终点，让每一个看见那场景的人都受到了极大的鼓舞，感受到了惊人的力量与速度，并为这力量和速度而振奋。他以9.84秒的成绩创造了崭新的纪录，这个纪录随之又成了新极限……

许多突破极限的辉煌是生命中必不可少的精彩瞬间，它激励自己和别人，证明人的潜力是无穷无尽的，尽管这样的瞬间是极为短暂的。

极限是一种艰深、一种完美，同时也是一种常人难以忍受的摧残。超越极限又是少有的极大的快乐和幸运。时刻保持一种濒临边缘的状态，敢于向自我极限发出挑战——生命的美丽正在于此，这也是生命的魅力所在。

过好每一天

海伦·凯勒的自传叫《假如给我三天光明》，设想一下，如果今天是你生命的最后一天，你又想如何走完这段最后的征途呢？

在这最后一个宝贵的日子里，你要做些什么呢？

首先，你得把这最后一天的底封起来，珍惜并利用好每一秒钟。你不能为昨天的不幸、挫败、悲痛而哀伤。你费尽心机想挽回损失，只会使你的损失更大。

那么，该如何去做？昨天已经过去了，明天还未到来。你为什么要为了想得到和那些也许会得到的东西，而损失已经得到的东西呢？今天的太阳明天还会升起吗？你明天的光阴会在今天度过吗？在今天的路上，能做明天的事吗？你能预支明天的金钱放进今天的钱包里吗？明天的孩童会在今天出生吗？你该为明天可能发生的事而在今天自寻烦恼吗？

你只有一次生命，生命是短暂的。若你将今天浪费，就是毁坏了你生命的最后记录。所以，你更应珍惜今天的每一小时，因为它走了就永远不会再回来了。无论用什么方法也不能把今天禁锢，第二天再带回来，因为谁也无法跟随时间的足迹。你要用双手紧握今天的每一秒钟，因为它是独一无二的，是不可被替代的。垂死的人愿意拿出他所有的资产买一口气，可他能如愿吗？

假如今天是你生命中的最后一天，你会愤怒地躲避那些在麻将桌上浪费时间的人；目睹他人的拖延行为时，你会用自己的行动去制止；面对怀疑，你会用你的忠心将它埋葬；对人生的恐惧，你会以你的胆量去分割它。那些专说别人闲话、对他人的行为说三道四的人，你不愿再靠近一步；不正当的事情，你也不会去做；令人无所事事的场所，你也不会多待哪怕一秒。你会用自己的忠诚、自己的爱，去证明你人生的价值！

你会把你生命中的这最后一天，变成你生命中最美好的一天；你会最后享受一下生活，去感受朝阳的美丽、享受阳光的温暖，欣赏那些未曾仔细看过的花朵、品尝那不经意间滴落的露水，再尝尝美酒，然后不忘记说声谢谢；你会仔细地利用每一分钟换取有价值的东西；你会比以往更加努力劳动、工作，会拜访比以往更多的顾客，卖出比以往更多的货物，阅读更多的书籍，赚比以往更多的钱。今天的每一分钟，会比昨天的每一小时有更多的收获。

如此一来，你生命中的最后一天将会是你一生中最美好的一天！

其实，不用假设，我们生命中的每一个"今天"都是唯一的。难道不是吗？人生就如同一场不可回归的旅行。生命的列车一旦启动，就只朝着一个方向笔直驶去，不能掉头。我们每个乘坐这列列车的人，都应该好好考虑一下这个问题：如果把生命中的每一天都当作最后一天来过，你的生活是否会更加充实？你的人生是否会更有意义？

绝望中怀有希望

第二次世界大战结束后,德国国内的一切都百废待兴。

美国社会学家波普诺带队访问德国,看望了许多住在地下室里的德国居民。之后,波普诺就问了随从人员一个问题:"你看,德国会振兴起来吗?"

"难说啊!"一名随从人员答道。

"肯定能!"波普诺很肯定地说道。

"为什么呢?"随从人员奇怪地问道。

波普诺看了看他们,又问:"你们每到一户人家,看到他们的桌上都放了什么呀?"

众人齐声地说:"一瓶鲜花。"

"那就对了!如果一个民族处在这样困苦的境地,仍然没有忘记那些美好的事物,那就一定能在废墟上重建家园!"

世上没有绝望的处境,只有对处境绝望的人。在绝望中仍能追寻希望之花的人,怎么可能轻易倒下?

马绍尔是美国雅丽服饰有限公司的总裁,他在家里浴室的镜子上贴了一张纸,纸上写着这样一句话:我痛苦,我没有鞋。但是,在街上我遇到了一个人,他没有脚!

马绍尔为什么要写这么一句话?

原来,马绍尔原本是一家服装厂的裁缝师,厂子因为效益太差倒闭了,马绍尔也因此失业。妻子和他离婚了,由于没有工作,法官把他唯一的孩子判给了妻子。

那段日子里,马绍尔的心情变得异常灰暗。在他看来,处境已经糟糕得不能再糟糕了,开始以酗酒、抽烟来解愁。

那天,马绍尔去领取政府发放的救济金,走着走着,他突然看见一个失去双脚的人。那人坐在一个木制的小轮车上,两只手撑着一根木棒,沿街推进。他的脸上带着微笑,嘴里哼着小调,十分开心。

"早,先生。天气很好,不是吗?"那人对他说道。

"是的……天气不错。"马绍尔说。

"对不起,先生,我挡住了你的路。这是我的酒吧,有时间来坐坐,我保证我的酒吧会令你满意。"

那人指了指街道旁边的一所房子。马绍尔惊诧不已,在他的注视下,那人撑起手中的木棒,朝房子走去。

看着那人的背影,马绍尔惊呆了:他失去了双脚,却还能拥有自己的事业,而且很快乐;而我四肢健全,身体健康,却没有振作起来去奋斗!

想到这些,马绍尔突然觉得自己的心胸是那么狭隘,所有的痛苦都显得太矫情。羞愧包围了他,他转过身昂首向前走去,决定不再靠救济生活。

五年后，马绍尔有了自己的雅丽服饰公司，并且组建了新的家庭，还在华盛顿买了一所大房子。乔迁之日，马绍尔就在一张纸上写下了这样的话：我痛苦，我没有鞋。但是，在街上我遇到了一个人，他没有脚！

马绍尔把这张纸贴在了浴室的镜子上，每次照镜子时，他总要读一遍以提醒和鼓励自己：无论处境多么艰难，我也不能消沉！

是的，处境再艰难，哪怕真的身陷绝境，也要用顽强不屈的精神奏响生命的希望之歌！

弗洛伊德·柯林斯这个名字也带给我们很多启示，《美国普利策新闻奖名篇》中向世界讲述了这个人的故事。

当时是1925年1月，一位名叫弗洛伊德·柯林斯的洞穴探险者在探险时遭遇了不幸，这位美国阿肯色州山地青年的遭遇传遍了全国。

1月29日，当他在父亲的农场为寻找一个能够吸引游客的洞穴时，不小心跌入洞中。不幸的是，柯林斯被一块巨石卡住了左腿，动弹不得。人们想办法施以援手，却无法将其救出。

在人们难以想象的疼痛和折磨中，柯林斯整整坚持了十九天。他的勇敢和顽强，在同情者的心里烙下了深深的印记。

十九天的时间，一分一秒对柯林斯来说都是煎熬。在黑暗的洞穴里，柯林斯被压在巨石下，仅可容身的小穴如同绳索捆绑着他,他能动弹的只有自己的思维,而孤独、绝望、疼痛及无助,可以轻易让人崩溃。

当人们想方设法营救这位不幸的落难者时,一位名叫米勒的记者五次深入洞穴,并以细腻的笔触写出了自己亲眼看见的一切,为人们记录下了这位落难者在绝境面前的表现及其内心痛苦与顽强的挣扎。

地面上的每一寸地方都是水,进入洞穴必须缓慢爬行。当米勒试图挤进柯林斯受困的小洞时,"疼——太疼了!"柯林斯恳求米勒放弃这样的努力。柯林斯躺着,向左侧斜着,左脸颊靠在地面上,两只胳膊牢牢地卡在他身边石头的缝隙里,像一位钉在十字架上的受难者。这样的姿势,他保持了十九天!

他的脸上盖着一块油布,米勒想动手拿开。"放回去,"他说,"放回去——水!"

米勒这才注意到,水正一滴滴地从顶部的岩面上滴下来,拍打着柯林斯的脸。最初的几个小时,柯林斯并不介意,可是,随后持续不断的水滴让他难以忍受。

后来,他的弟弟给他带来一块油布。此情此景,与滴水的刑罚多么相似,再坚强的人也会不寒而栗,而柯林斯坚持了十九天!

营救均以失败告终。终于有一次,柯林斯面对着米勒——这位身高只有1.57米、体重仅54千克的好心记者,真诚并非调侃地开起了玩笑:"喂,伙计!你最好出去暖和暖和,不要回来了。你这么瘦小,我觉得你没法把我救出去。"

此刻，陷入绝境的人依然乐观，一如既往地关心他人，关心眼前这位来帮助他的瘦小记者。

柯林斯只是要求在他的头顶放置一盏灯。灯光如豆，可是，微弱的光在这位地下探险者的心里，却成为永存希望的火种，成为挑战黑暗环境和冷酷陷阱的象征。即使受困，勇敢的心也不会向灾难屈服。

十九天后，柯林斯离去了，这盏灯仍然亮着……

柯林斯离去了，美国一位叫詹金斯的传教士为他写歌纪念——《弗洛伊德·柯林斯之死》。歌词这样唱道：

我们都知道的一个家伙，

脸庞英俊白皙，

心肠热忱而真诚。

他的身躯正在沉睡，

在沙洞中沉睡。

绝境中，柯林斯用自己的生命谱写了一首壮美的希望之歌！在一个人的精神和尊严面前，险境算得了什么！柯林斯面对绝境时所表现出的顽强意志以及对生命的留恋与渴望，每时每刻都激励着在逆境中奋斗的人们！听到这首歌的人们，都会鼓起战斗的勇气：是的，这世界没有绝望的处境，只要对处境绝望的人！

值得庆幸的是，绝境并不常有，不是每个人都像柯林斯一样不幸，但是，几乎每个人都免不了遭遇逆境的折磨。当我们面对人生的逆境和磨难想放弃时，柯林斯不屈的灵魂就会出现，在生命的琴弦上弹奏他那坚韧的希望赞歌，安慰那些悲观哭泣的人们。

第五课

学会自我激励

积极心态需从小培养

培养积极之心，在人生中十分关键。所谓积极之心，包括所有"正面"的特质，例如自信、充满希望、慷慨、乐观、豁达等。对人生态度积极的人，必有远大的目标并会为此而不懈努力。

有些人虽然有积极之心，但是一碰到困难就不知所措。就像约翰·格列尔，它是一匹经过良好训练、血统纯正，唯一能够与跑道上的常胜军"战士"匹敌的赛马，但遭受过一次挫折后便一蹶不振。

两匹马上场较量。起初它们在速度上不分上下，距离终点愈来愈近，约翰·格列尔铆足全力，慢慢超前。"战士"的骑师当机立断，扬起马鞭，重重地鞭打在"战士"的屁股上，"战士"像屁股着了火一般，奋力向前冲去，迎头赶上。因而约翰·格列尔被赶超，第二个到达终点。

原本斗志昂扬、胜券在握的约翰·格列尔遭到挫败。这次失败对它的打击很大，以致难以再恢复信心。它在其后的比赛中，表现每况愈下，无法再创佳绩。

很多美国人的情形和这个故事类似。1920年，经济蓬勃发展，很多人一夜暴富，却都在1933年经济大萧条时遭到挫败而一蹶不振。他们的心态由乐观转向悲观，从此不再尝试，就像约翰·格列尔一样，只敢想当年……

有些人一直拥有一颗积极之心；而绝大多数的人则虎头蛇尾，不会运用这股巨大的力量。

进行自我暗示

内心讲给自己的话,也就是自我暗示,会在一个人感到恐惧不安时给自己打气,那时只要你能够说"一定可以做到",心中的不安就会消失。

如果是基督徒,你可以说"神是万能的,一切皆有可能"或"神会给我指示的"。 每天按照需要,多重复几次自我暗示,像这样把自己和潜意识连在一起是很有效果的。

也有别的方法,就是把自己推崇的、鼓舞人心的话抄下来,放在透明夹中,或者写在备忘录上,有空多看一看,就可以赶走"恶魔的私语"。

日常生活中,我们经常听到"你真不行"或是"有本事做给我瞧瞧"这些压抑的话,但即便如此,我们也不应该有"我当然无法做到"或"我的疾病这样严重……"等由内心产生的不安或疑问,因为这些内心的疑虑比外部压力的消极作用更大。 因此,白天没有其他意念时,每当消极念头闪过,若能不断地说"不,我一定可以做到"或"我和无限的供给连在一起"，就能通过自我暗示获得改变。

　　信仰的本质用一句话来概括就是"积极的心"，所以对相信它的人来说，所需要的能力是会从内部涌出来的，绝不会向任何东西屈服。 例如现在的一切看起来都很黑暗，可是光明总会来临，肯定有好转的机会，只是时机不成熟罢了。 我们必须好好了解这种过程，并保持正确的态度，不要担心黑暗，要看见光明的将来，并确信自己和生命的源泉连在一起。

不要畏惧逆境

"你如果是贫穷的,你是幸福的;毕竟神陪伴着你们。"(《路加福音》)

"为自己的错悲伤的人有福了,他们由此必获得安慰。"(《马太福音》)

这是《圣经》里的话。只有贫穷的人,才知道神眷顾着他们;只有经历过悲伤的人,才会成长。

19世纪,英国诗人奥斯卡·怀路在监狱服刑期间写过:

"有悲伤的地方,才有圣地,相信社会中的每一个人迟早都会明白这一点的,还未了解这一点之前,可以说是他还不了解人生吧!"

也就是说,突破眼前的悲伤或痛苦之后,才可以摆脱当前的苦难。

著有《睡着成功》这本书的美国牧师马非先生也曾说过:"一切的灾祸中,一定包含着幸运的种子。"下面就是他写的一段文字:

"幸福地坐在椅垫上，人会睡着；在被奴隶、被压迫而身心痛苦时，人才会得到学习一些事物、道理的机会。"中国伟大的哲学家老子也曾说过"祸兮，福之所倚；福兮，祸之所伏"的至理名言。

简单地说，已经得到第一名的人，不会遇到比获得第一名更幸运的事，对他而言，顶多只能继续保持第一名而已，而且随时都有可能降到第二名或第三名；相对的，获得倒数第一的人，对他来说最坏的结果也只是最后一名而已，但却有进步为倒数第二、倒数第三名的可能，困难反而会激励他们向前，而且可以激励他们一直成长与进步。所以一开始，我们就引用《圣经》上的话："一切穷苦的人，你们是幸福的。"在这段文字之后，《圣经》上也写着："那些幸福的人迟早会遭难，因为他们已经享受不了安慰。"

这里所指的贫穷或富裕自然不是指经济物质，而是失败和成功、堕落和成长，即一般人常说的"顺境与逆境"。这些话，都是需要我们认真琢磨与领悟的。的确，如果一粒麦子不落地，就不可能再长出更多麦子。越是经历了激烈的痛苦，在精神、人格上就越会早成熟、早进步。

因此，当我们身处逆境时，不要畏惧退缩，心中只要牢牢记住：不要拘泥于堕落，不要被逆境吞噬。纵使你所面临的是前所未有的剧烈痛苦，也不能因此消沉堕落。要知道一个人如果沉溺在自怜自哀之中，他将会更快地因为这一次的堕落而失去一切，不得翻身。我们应当高兴，困难的到来正是我们考验自己的良机；相信走出困难的深渊，一条坦荡的康庄大道将展现在你的面前。牛顿说过："能够成功的人，只不过比别人多坚持了五分钟。"

◇ 积极心态，自我激励 ◇

哪怕只有一个观众，我也要坚持说下去，我一定会成功的。
坚持下去，苦日子终会熬出头的。
郭德纲，你已经拖了两个月的房租了！
我一定要让我的相声得到大家的认可。
瞧！这个人……
方便面
郭德纲从艺二十年纪念专场
感谢大家！
郭德纲！
郭德纲！

孤独也会激励自己

我们经常会将自己暴露在孤独之下。

顽固的人、刚愎自用的人、乱发脾气的人、对现实不满的人、斤斤计较的人、过于精打细算的人、搬弄是非的人、太柔弱的人等，都是容易遭受孤独危害的人群。

孤独能透露出人们心里深藏的呼唤。人们往往会害怕孤独，会因为孤独而悲观失望。所以我们才更加敬佩那些能忍耐孤独的人，并且将他们当作英雄。

数年前理查·巴哈的《天地一沙鸥》热销一时，这本小说的主角海鸥约纳珊是群体之中的异端者。它想飞得更远更高，没有同伴，它要到其他海鸥没有飞到过的地方去"探险"。

读者看这本书时，也仿佛和约纳珊变成一体，含着激动的热泪向孤寂的天空独自飞去。

我们也可能会在家庭生活、工作情境群体活动或者和爱人的谈话之中，体验到深深的孤独。其实，我们需要享受孤独。"让我一个人静静""希望有自己的时间"或是"想要沉浸在孤独之中"这些内心感受都是渴望孤独,想要直面内心的表现。

生活中也必须耐得住"寂寞"才能有所成就。

很多艺术家都是在孤独中创作出伟大的艺术作品的。歌德也曾说:"文学是孤独的儿子。"为了完成伟大的艺术创作,孤独的时间、孤独的环境十分重要,幸运女神将给予那些能忍耐孤独的人以重奖。

不断挑战自己

"超越"一词本身具有超出、超过、领先的意思。在这里，自我超越就是突破自我，不断挑战成长的障碍，甚至突破个人成长的极限，以完成实现自我的目的。敢于向自己挑战，才可以拥抱成功；害怕挑战，就只会失败。自我超越，就是唤醒人们内心深处敢于创造的勇气和决心。人生的各个方面都需要自我挑战、自我超越，无论是自我成长、专业技能还是生活质量方面的提升。

美国学者彼得·圣吉在《第五项修炼》一书中指出：自我超越的行为可用四个部分来概括其结构，即：愿景、你目前的状况、情绪力量以及创造力。它们相互之间的关系，是影响自我超越行为的关键。这是一个许多方面互相冲突的模式，这种系统称为"结构性冲突"（如下图）。

图中表示有两种力制约人的行动：F_2 创造性张力（称为前拉力），受愿景的驱动，产生一种内心的热情和前进的冲动；F_1 情绪张力（称为后拉力），产生无力感，认为自己不合

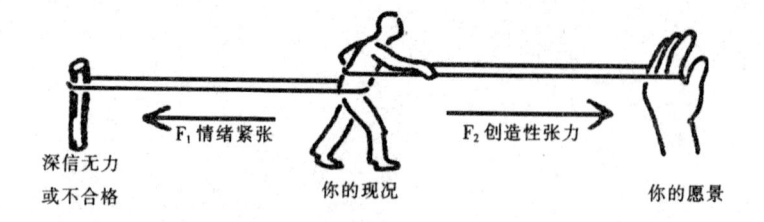

深信无力
或不合格　　←F₁ 情绪紧张　　你的现况　　F₂ 创造性张力→　　你的愿景

格，无法实现潜意识中的目标。人要想自我超越，必须 F_2 创造性张力 > F_1 情绪张力，也就是要利用结构性冲突来"操纵"自己，战胜无力感，去追求想要的东西。例如，一个人现在身体状况不好，为了提高自己的身体素质（愿景），下决心每天早晨起来跑步锻炼（创造性张力）。可是，第二天早晨起床要去跑步时，又想明天再去吧（情绪张力）。只有使用现实与梦想之间的距离来产生创造性能量，强化创造性张力，我们才能战胜情绪张力，去进行体育锻炼，最终超越自我。创造性张力，是实现自我超越的关键要素。

具备自我超越的人的共同的特征：第一，他们把实现愿望当作一种责任与使命。人生一旦有了使命感和责任感，就会有一种顽强向上的拼搏精神，进而去追求自己想要的东西；第二，他们下定决心对目前的状况进行改变，他们对自己目前的状况看得特别清楚，对自己的现状非常不满，下决心要改变；第三，他们永远处于一种学习状态，因为自我超越并非人所皆有的一种能力，它是一个不断创造的过程，是一次需要终身学习的修炼。自我超越在于突破价值追求，放大生命能量，它是人生成长的动力源。一个有理想有追求的人，一定是一个不断自我超越的人。

超越自我

古今中外，成功的人各有特色，成功者的类型也多种多样。大致可以分为以下五类：

1. 立志创业型

他们没有任何凭借，完全是在了解社会需求的基础上进行创业，并使企业由小变大。例如，美国比尔·盖茨创立制造电脑的微软公司；美国乔布斯组建硬软件兼营的苹果公司；香港李嘉诚从生产塑料到投资房地产；香港包玉刚创立航运公司；台湾王永庆创立台塑集团；等等。

2. 研究创新型

他们主要靠研究发明一种技术或一种产品为社会做出贡献。例如，美国领导曼哈顿工程（制造原子弹）的科学家奥本海默，第一次成功研制出了原子弹；我国著名科学家邓稼先、钱学森、钱三强等领导制造我国的"两弹一星"；大发明家爱迪生发明了电灯、电影摄影机、留声机等两千多种物品；

美国科学家富兰克林在对电进行认真研究与应用后，发明了避雷针、新式火炉；等等。

3. 专家学者型

他们学有专长，凭借一项发明或研究而成功。例如，美籍华人科学家杨振宁、李政道，他们因在物理学上的研究而获得诺贝尔奖；我国地质力学创始人李四光，为我国今后勘探石油奠定了基石；我国人口学家马寅初，在研究我国人口结构方面成绩斐然；等等。

4. 杰出特长型

他们靠某项特长而成为某行业的佼佼者。例如，美国篮坛飞人乔丹，巴西球王贝利，我国球星姚明，我国电影演员成龙、李连杰，我国著名画家齐白石、徐悲鸿，我国著名的作家鲁迅、郭沫若；等等。

5. 专一持久型

他们为了一个目标，付出所有，通过几年、十几年的不懈奋斗，最终成功。无论是文学上的鸿篇巨制，还是科学上的巨大发现，无一不是作者与发明者的血汗和毅力的结晶。例如，曹雪芹写《红楼梦》花了10年；王祯写《农书》花了15年；司马迁写《史记》花了18年；司马光写《资治通鉴》花了19年；哈维写《心血运动论》花了26年；李时珍写《本草纲目》花了27年；哥白尼写《天体运行论》花费了将近30年时间；马克思写《资本论》花了40年；歌德写《浮士德》花了60年；等等。

渴望激发斗志

人在渴望时，热情正在燃烧，所以，根据自己的渴望树立目标是很好的事。当然，只有渴望而没有斗志是不行的。既然渴望热情地去做某件事，就应该有挑战的决心才行。

因为人在被逼迫时产生的力量会让人从压迫中脱离而拼命地挣扎，不肯认输的热情会涌现出来。这种斗志不是奇迹，而是必然。过去被认为一事无成之人，突然做出了某种了不起的事，原因就在于此。不管什么难关，只要有热情和欲望，都是可突破的。

被迫热情可分为自己被周围环境逼迫而挣扎奋斗和自己设定超过实力以上的目标，从而被动地去追求两种情况。例如，一个工资不高的职员想勉强买一套大房子，就是属于后者。照他目前的收入，不要说全部，就连每个月分期付款都缴纳不起，可是他仍然勉强借钱维持。这种事从开始就太勉强，所以立刻就受到逼迫，因此他必须花费比别人更多的努力去拼命赚钱，结果竟意外地付得起分期付款了。这也印证了开始认为绝不可能做到的事，最终可以获得成功。

人生就是这样，有许多机会可以让自己飞黄腾达，同时，身处逆境的时候也很多。 如果把一个人逼到逆境，他的人生真的有可能产生十分耀眼的光芒。

想要如此，最好激烈地燃烧斗志和热情。 斗志和热情的燃烧会产生力量，从而产生意想不到的结果。 一旦经过这种事，人生之路就会开阔起来，自信也会随之产生。 而对更高的目标，也会涌出挑战的勇气，因此会更加渴望向更高的目标挑战。

调和内外

最新的科学研究报告表明，几乎所有的人都只发挥了其能力的15%。

这份报告还指出，人们不能发挥其余百分之八十五的力量是因为恐惧、不安、自卑、意志薄弱及罪恶感。综合所有原因，可以说是"与外界的不调和"，也就是不能包容外界，等于是替自己的能力踩了刹车。

与外界的调和能使自己的能力得到充分发挥。因为所谓创造的行为都是发挥于外界的，所以一旦能和外界调和时，自然就会产生优良的结果。以网球比赛为例，如果上场前还在考虑胜败，对敌我力量进行估计，心中已经存有对立感情的疙瘩，就不能发挥潜力。一定要抛开那些估计，和外界合为一体，这时才能发挥出潜在能力。

有一个非常有趣的法则：凡是在下棋时对自己的对手抱有对立情绪，赢了就有快感的人，他们的进步都很有限；相反，能和对手配合，不在乎胜败，只求走出正确的棋步并在其中寻求创造之喜悦的人，他们的潜能就能被充分调动出来，进步神速。 这里不把象棋的胜负当作一种争斗，而把它当成"问答"。 如果有两个人天生素质高低相仿，但他们采取不同的弈棋态度，不久之后，这两人的棋技一定会相差甚远。

这难道不是一个有趣的法则吗？ 连象棋这种具有严格规则的游戏都是这样，更何况是繁杂的人生呢？

弈棋中的这两种态度能充分体现"取"与"造"的两种生存态度。 为了达到目的而拼命的人，他们自以为是在踩油门，事实上踩了相反的东西——刹车。 一种能力被踩了刹车后，当然不可能有出众的创造行为。 当你放弃将能力看作私有物时，你就能充分地发挥能力。

如果你希望自己的人生富有创造性，首先你必须做个"不怕失败的人"。 此外，失败和成功并非完全对立，它可以到达成功的终点站。 精神的强者，越是失败，越能在失败中得到教训，并且越能将创造的热情调动起来。 所以，问题不在于是否会失败，而在于是否遇到一两次失败后就一蹶不振。一个人若能正确面对失败，这种人最后必然有所成就。

第六课

努力拓展人脉

人脉是财富

人的能力不同，总有高低之分，能力的大小不是一个有限值，若是利用得好，它能够得到无限发挥，因此关于"能力"的"提高"也就成了人们一直都关心的一个问题。只要你够细心，便会发觉其实人脉也是增强能力的一大法宝，拥有良好的人脉也是一种本领。

众所周知，《射雕英雄传》中的郭靖看似呆头呆脑，与会耍阴谋诡计的杨康相比，智谋相差甚远，但是他却成了侠之大者。因为郭靖的师傅不仅有以侠义自称的江南七怪、擅长内功心法的马钰道长，还有武功盖世的洪老帮主、童心未泯的"老顽童"周伯通以及聪明绝顶的黄蓉。这简直是具备了天时、地利、人和等众多有利条件，不想成就一番事业都难。郭靖虽然脑子反应比较迟钝，但他深刻地认识到，独腿走不了千里路，要真正在江湖上闯出一条路来，站稳脚跟，一定要做到兼收并蓄、集众家之长。因此,他以一颗真诚的心建立了自己的人际网络,江湖上的三教九流他都熟识,最后终于成了一代豪杰。

事实上,郭靖的聪明才是大聪明。因为他知道人际关系的重要性,懂得众人拾柴火焰高的道理,集聚众人的智慧,增强自己的能力,何乐而不为?

为什么人脉能增强能力呢?

(1)通过人际关系了解竞争对手,从而提高自身素质

古人云:"知己知彼,百战不殆。"当你掌握了竞争对手的特点、动向,你才能跟上他们的步伐,甚至超越他们,你的智谋才能真正地得到证明,你才能发挥自己的策略才能。

要想了解竞争对手,得到讯息的最佳渠道就是人脉网,来自人脉网的信息大部分真实可靠。作为你的朋友,他们一定会帮你,绝不会去帮你的竞争对手。

(2)人脉可以让你更好地了解社会,进而利用这些信息提高自身能力

相信许多人都有走出国门的机会,当你"身在异乡为异客"时才会深刻地感受到,身在国外却一个人也不认识的感觉太郁闷、太苦涩了。

还有更糟的,你独自一人走在国外的土地上,却没有一个人可以带领你感受这个国家的文化,没有一个当地朋友邀你到他家做客。

所以,当身边有很多不同肤色的友人,你才会觉得对生活充满希望和信心,有了希望,自然会想方设法提升自己各方面

的能力，从而想办法融入其中。

我们可以以安东尼的格言作为座右铭：人生中最大的财富便是人脉关系，因为它能为你开启每一道能力之门，让你不断地进步，为社会做贡献。

◇ 提升人脉，抓住机遇 ◇

我们想订一个房间。
非常抱歉，今天客满了，你们可以去另一家酒店看看。
你们可以住我的值班室，我不用休息。
非常感谢你的帮助，如果你到纽约的话，一定要到这个地址去找我们。
我们想请你来经营这家酒店，因为从你身上，我看到了一个酒店从业者必备的素质。
我的天！

机遇从人脉来

根据调查，中国百富榜上近 30 位成功企业家以及众多其他领域的佼佼者最看重的财富品质依次为：诚信、善于把握机遇、创新、务实、终身努力学习、勤奋、卓越的领导才能、执着的精神、正确的直觉、勇于冒险。"善于把握机遇"在众多品质中排名第二。而在许多网友和 MBA 学员眼中，"善于把握机遇"则是十大财富品质的首选。

那么，我们怎样才能拥有比别人更佳的机遇呢？这时良好的人脉就开始起作用了。其实"机遇"的潜台词也就是"人脉"，因为人脉广，与人关系好，机遇相对就会更多。打个比方来说，一个人脉资源广、社交能力强的人在寻找工作的时候，因为有了广泛的社交资源，往往就能比他人更早得到用人信息，投简历时就会先人一步，获得这份工作的可能性也就更大一些。而有时企业的招聘信息也仅仅只对部分"圈"内人士公开，如果没有圈内人脉资源，根本无法获得这类信息。从中我们不难发现，人脉会带来更多的机遇，有了机遇才会有更多获得财富和成功的可能。

其实，现在在国内十分火爆的 MBA 培训，也从一个侧面反映出了人脉的重要性。由于读 MBA 培训班的往往都是各个企业中的精英，读书充电只是他们参加培训的目的之一，更重要的是为了结交到更多的同类精英，搭建更高品质的人脉关系网与拓展更丰富的社会资源，并从中寻找更多的机遇。

有人说，是金子总会发光的，但是如果能提早发光或是把握住更多的机遇不是更好吗？发光的金子也是需要优秀矿工挖掘的。我们周围有很多这样的例子，有不少人虽然胸怀大志、才华横溢，有学历也有能力，但却依然怀才不遇、郁郁不得志。究其原因，其实就与不懂得建立人脉网络、维护朋友关系有关。虽说自身是匹千里马，但到哪里去找伯乐呢？所谓"千里马常有，而伯乐不常有"，而伯乐其实就需要我们透过人脉，自己来寻找、结识。

在同等的资质和条件下，善于与人交往、拥有广阔人脉资源的人更容易受到瞩目，甚至有时候一个才能方面略微逊色的人，因为有了广阔的人脉资源，也会获得更多发展的机会、更大的发展空间，从而早一步走向成功。

在好莱坞流传着这样一句话：一个人能否成功，不在于你知道什么，而在于你认识谁。这句话强调的就是人脉作用，人脉是一个人通往财富、成功的垫脚石。成功者之所以成功，是因为他们站在巨人肩上看世界！换位思考，假如你是一位老板，有两个人来求职，一位是你认识的或是朋友介绍的，而另一位是你完全不认识也不了解的，两者的能力资质等相差无几，你会更青睐于谁呢？答案很明显。

大家都知道美国老牌影星寇克·道格拉斯（知名男影星麦克·道格拉斯的父亲），其实他年轻的时候十分落魄，总是跑龙套，没有合适的剧组可以加入，找不到合适的角色扮演，也没有人认为他能成为影星。直到有一次，他搭火车时，旁边坐了一位举止优雅的女士，他被她深深地吸引，于是就同她攀谈起来。当谈到了自己的境遇时，他将自己的理想抱负与不得志也告诉了那位女士。两人相谈甚欢，并互相留下了联络方式。

结果没过几天，寇克就被邀请至一家知名制片厂报到。原来，那天他在火车上与之攀谈的优雅女士竟是一位知名制片人，火车上的交谈让她知道了寇克的境遇和才华，那一次无意识的闲聊竟成为寇克人生的重要转折点。

可见，机遇无处不在，甚至很多时候机遇就在你身边，关键是你能否意识到这些机遇并抓住它。千里马易找，而伯乐难寻，假使寇克·道格拉斯没有遇到那位女士，没有人欣赏和挖掘他的才华，那他的才华可能终将被埋没或是被尘封。天才况且如此，何况普通人呢？

有人说，既然机遇和"伯乐"是可遇而不可求的，那么我们无法预测这种完美的巧合到底会何时出现。但是，我们能通过控制自己的人脉来给自己创造更多的机遇和可能，将命运把握在自己手中。

美国哈佛大学商学院自建院以来，已有近百年历史，更有超过6万名的校友。这些已经毕业的学生多半已经成为各行各业的精英，在这种"学缘"关系的沟通和凝聚下，他们逐渐组成了一张牢固而有效的人脉网。哈佛商学院也将"建立校友网络"作为他们为毕业生提供人际资源的两大工具之一。很多毕业生在毕业时都将"建立人际资源网络"放在了首位，他们说，找到了校友，就意味着自己有了机会。可以想象，如此强大的、遍布全球的、人数众多的高层次校友网络资源，为校友们提供的各国、各行业的宝贵商业信息和优待政策，将会为校友带来何等巨大的机遇和实惠啊！

诸多事实可以证明，人们所获机遇的多少与其交际能力和交际活动的范围几乎可以说是成正比关系的。比如在我们身边，有不少成功人士依靠某一共同点结识朋友，通过朋友再认识新的朋友，一直把关系延伸到全球各地，从而迎接一次次机会的降临，他也就逐渐向成功的目标迈进了。

付出真心才有好人脉

美国的一项权威调查表明：成年人最关注的两个问题是健康和人际关系。

人是社会性动物，都渴望与他人进行交流和交往，希望得到他人的关注和喜爱。人一旦离开了群体就会产生难以抑制的寂寞、沮丧甚至绝望的心情。

伦敦有个年轻的小伙子，是一个大学生，租住在一家公寓。在他入住后不久，隔壁又租住进了一位美女。那姑娘长得很漂亮，就像一个天使，深深地打动了小伙子的心。他经常在楼梯上遇见她，不知不觉地，他爱上了那位姑娘，可他一直找不到借口与她相识，因而觉得很苦恼，郁郁寡欢。马上要到圣诞节了，小伙子一个人待在房间里，孑然一身，寂寞难挨。忽然，他听见隔壁房间传来了床架的咯吱声和阵阵喘息声，并持续了很长时间。小伙子想到自己正在自怜自哀，而那姑娘却在享受生活，这深深地刺激了他那颗沉浸在苦闷之中的心，他觉得自己人生无望了。最后，他找了一根长绳，悬梁自尽，告别了人世。第二天，人们发现，就在那个欢乐的圣诞节之夜，不仅这个小伙子，那个姑娘也自杀了，是吃砒霜死的。那小伙子听到的响声，是砒霜毒性发作后姑娘挣扎时发出的，他的想法完全是自己臆想出来的。姑娘留下了一份遗书，遗书上说，她实在忍受不了孤独，在这个世界上，没有人在乎她，甚至在那个欢乐的圣诞节她也孤独度过。

可以说，造成这个悲剧的原因就是双方不懂得合理地处理人际关系，拓展交际圈。人际关系的建立贵在主动，人与人之间是需要互动的，有些时候主动可以挽救生命、造就成功。

有人统计过，一个正常人有三分之一以上的时间是在工作环境中与同事、伙伴等共同度过，有三分之一的时间要与亲人、朋友在生活环境中共同度过，还有三分之一的时间则是休息和睡觉。可见，人们的生活离不开与他人的相处，也无法避免被他人评价。

既然我们无法远离人世，那么我们就希望自己得到他人的欢迎和喜爱。没有哪个人希望自己被别人嫌弃，成为别人的眼中钉。

每个人都希望自己得到他人的关注成为耀眼的明星，绽放出最灿烂的光芒，受到所有人的欢迎。为了让自己享有广阔的人脉资源，我们要如何做呢？

其中关键的一点就是建立自己的人脉网。

"人脉"的概念近几年才被提出来，但是对于擅长"为人处世""待人接物"的中国人来说，对人脉的经营却从来不陌生。

早在春秋之时，孔子就提出了"己欲立而立人，己欲达而达人""己所不欲，勿施于人"等待人方式。可以说，中国是重视社交礼仪、人际关系的文明古国，因此，中国人也是重视并擅长此道的。

人们为自己编织了一张张关系网，网的彼端联系着各种各样不同类型的人。中国的社会在一定基础上也可称为人脉的社会，一个没有人脉、不懂得与人相处、不受欢迎的人又怎么可能获得成功呢？

这个社会上有各种各样的人，无法简单地用好人、坏人或君子、小人等词来评价，在利益、情感等外因的驱使下，人人都在发生变化。不管你自身能不能抵抗改变，但你周围的人已经变得陌生。其实我们想变成一个受欢迎的人、一个成功的人，不外乎是学习为人处世，而这些都与人脉紧密相连。

扪心自问，你的人际关系网经营得怎么样？你经常与人联系吗？你会主动结识别人吗？你会有计划地与人沟通、给他们发问候邮件吗？你在公司工作积极吗？你擅长发表演讲和致辞吗？你能做到给相关的杂志投稿吗？开会时你会找机会去认识陌生人、收集名片，并与尽可能多的人交谈吗……这些虽然都是身边的一些小事，但恰恰是这些小事才帮助你建立起强大的人际关系网。

人际交往是相互的，你尊重和喜爱别人，别人才会尊重和喜爱你。种瓜得瓜，种豆得豆。一切都有个因果，付出了真心，你的人脉大树才会茁壮成长，你才会成为天空中那颗最受人欢迎的星星。

滴水之恩涌泉报

"受人滴水之恩,必当涌泉相报"是中国儒家思想中的古训。李嘉诚的父母打小就教导他学习中华民族的传统道德,如"以和为贵""和气生财"等。后来,李嘉诚自始至终秉承"以和为贵""积德行善"的做人准则,他的事业之路因此而开辟。

李嘉诚以前在五金厂当过推销员,离开五金厂后,他依然非常感激五金厂老板的知遇之恩。虽然他为该老板立了不少功,但是要走的时候,他心中依然很是愧疚。

李嘉诚有恩必报,临走之前,他把自己关于改进经营的想法告诉了五金厂老板。他认为,审时度势对办企业是重要的事,五金厂想取得发展,有两条路可选择:第一,转行做前景广阔的行业;第二,调整产品门类,尽量避免与塑胶制品冲突,占领塑胶制品不能替代的空当。

但是,在李嘉诚走后,五金厂老板并没有听取李嘉诚的建议，仍然坚持生产铁桶。结果，危机果然在不久之后降临，五金厂迅速奄奄一息，濒临倒闭了。李嘉诚是个为人重情重义的人，当他获知此事后，马上赶到五金厂找到老板，劝老板立即停止生产镀锌铁桶，转为生产系列铁锁。

原来，李嘉诚一直在关注五金厂的未来。一来他要证实自己的眼光是否正确；二来他深知五金厂老板对自己不薄，自己跳了槽，老板对自己也很宽容，心中总有一股歉疚之情，总想找机会报答。因此，他常常抽空了解五金制品的市场动态机制。经过一番详细的调查分析之后，他发现至今还没有一家五金厂专门生产铁锁，故不存在其他行业的排挤。

李嘉诚坚信生产铁锁必能长久不衰。李嘉诚进一步指出，为了保证在平稳中求突出，还应制订更为详细的计划，开发系列铁锁。否则，只要一发现有利可图，其他五金厂就会接踵而至，竞争会更加激烈。只有创新领先，才能稳操胜券。

此次，五金厂老板对李嘉诚的观点马上予以肯定，并迅速根据李嘉诚的建议组织人员开发系列铁锁。一年过去了，危机重重的五金厂果然焕发了勃勃生机，开辟出了一片新天地。

虽然这与整个行业的变化息息相关，但李嘉诚的一番忠告可以说起到了关键作用。后来，五金厂老板再次见到李嘉诚后，欣喜地说："阿诚，你在我厂子时，我就看出你是个与众不同的后生，你将来一定会成就你的一份大业！"

学会团结他人

刘伯温在《说虎》中曾这样说道："与自用而不用人者，皆虎类也。"意即讽刺那些只是用自己的力量而不善于用别人的力量的人，就像老虎一样头脑简单，最终会被人打败。事实的确如此，只靠自己一个人的力量，而不去借助他人或物为我所用者，很难成就一番大事业。

很多人都有一个错误的观念，好像一提"借"便是借某人的势力，其实这只是片面的理解。实际上，凡是能让我们增光添彩的人、物、事、情，都是"借"的范围，比如祖宗、衣服、籍贯、才智、言论、行为举止等，不一而足。

生活中，我们时刻处在借人、借力、借势之中。我们看书读报是在借作者文字中的思想来充实提高自己；我们吃饭穿衣是在借用生产者的劳动成果；投资股票是借别人公司的经营发展谋利……只有会借外物，人才能生存下去。

不借外力难成大事，从谋略学的角度看，借外界之力为我所用，才是人生大智慧。只有善借才能善得。借什么？自然是借势发挥，成全己事。借势发挥是聪明人的谋胜之术。如果一个人细心观察周围的事物，并能够把握彼此之间存在的关联，在必要的时候借势发挥，权衡一下各个方面的力量，自然会更利于事情的进展。这种谋胜之术就是借势。

靠外力而成事就是借势而起。众所周知，不是每一件事都是你想做就能做成的，有时往往事与愿违。原因之一是你还不能摸清它的特点，二是你还没有足以控制它的能力。聪明人能够善于"借"，积极主动地去寻找"跳板"，试图凭此跃起，达到自己想要的高度。在实际生活中，一个善于借势的人，总能事半功倍。

一个善借者，总是在没有条件的时候创造条件，在有条件的时候利用条件——这是本事。对于这些人来说，做任何事情，都善于巧借他人之力，缓解自己燃眉之急，这是能够成功的重要举措。

人要跳得更高更远就应当借助跳板。那么，没有跳板可否？当然可以，但你也许永远得不了第一名。善于借势发挥者，总是力图找到脚下的跳板，让自己的人生理想更高、更远。

生存竞争的第一法则是借他人之力来补充自己的实力。常言道，他山之石，可以攻玉。有些奇怪的现象，常费人思量，有些人虽然出力不大，但却能成事；有些人费尽全力，却收获甚小。原因何在？莫过于借力与不借力的差别了。

在现实生活中，借人之势被普遍运用，其目的是借同行或朋友之力战胜对手，以壮大自己的实力。这是"损下益上"的求胜之法，即自己退避起来，借自己以外的人、物和事来达到自己的目的。

乐于助人

在经营自己人脉的初始阶段,我们需要了解的是,有很多成功人士一直都秉持这样的信念:不管所交往的人地位高低,都要努力帮助他们。这些成功人士总是说到做到,给自己树立了值得依赖的、可以信服的形象。

互利是拓展人脉的最高境界,而非总是希望得到别人的帮助。我们对人一分好,对方自然会涌泉相报。懂得分享的人,最后会得到更多。因为,朋友都愿意与他交往,他成功的概率就越大。

有一位成功的海外投资人,他取得成功的秘诀就是乐于和朋友分享。在他眼里,销售是有形的武器,人脉关系则是无形的秘密武器,如何用不做作的、不同寻常的、互利的方式去经营人脉关系是取得成功的关键。他的一位老朋友如此评价他:"他能遇到好运,原因在于他的人脉关系。因为他很愿意与别人分享,大家才会涌泉相报,他的成功才会水到渠成。"

要从实质上帮助别人，不要停留在口头上。世上有两种帮助，一种是随便帮帮，一种是一帮到底。前一种帮助也是帮助，同样能够给人带来益处，但它不算真正的帮助，原因在于这种暂时的帮助在关键时刻就不管用了。后一种帮助才是真正的帮助，可以彻底解决他人的困难。

在帮助他人时，技巧也是必不可少的。也就是说在具体的情景下，当你想帮助某个人的时候，你要注意具体方法，理解如何去做才能使他真正得到你的帮助。一位盲人在大街上心急地用拐杖敲着地面，是在说他不知道该怎么走了。你好心地走过去，想帮助他，告诉他左边是北，右边是南，他其实仍然分不清楚。最有效的方法是带他走一段路。

帮助他人要坚持到底，不要一时兴起，不要毫无选择地付出你的帮助，也不要因心情问题就拒绝帮助他人。

不要带着骄傲态度去帮助他人。在人际交往中，当我们帮助了他人，不必以此沾沾自喜、自鸣得意，更不能摆出一副救世主的面孔，因为我们的帮助应该是无私的、真诚的，不存在任何功利的因素。如果总是记得自己有恩于他人，这样活着难道不是很累吗？居功自傲的人总是因其骄横的态度而招致别人的不满，人们不愿接受他的帮助，这样的人人缘也不会好。

人的一生不可能一帆风顺，难免会碰到失利受挫或面临困境的情况，这时候最需要的就是他人的帮助。这种雪中送炭般的帮助会让本来无助的人记忆一生。有时候用不着特别费力地帮别人一把，别人也会牢记在心，"投我以木瓜，报之以琼琚"。

为别人着想

所有人都有自己的需求，无论是物质上的还是精神上的。想要拓展人脉、投其所好吸引对方，我们就必须了解对方的思想，然后尽量满足对方的需求。这样，对方自然也会把我们当作朋友，友好地交往。

总而言之，要想获得对方的好感，就必须做到洞察人性，把事情做得正合对方心意，这样即便你不开口说话，也可以产生不错的效果。在这一点上，很多人都做得非常到位，比如说胡雪岩。

在胡雪岩的帮助下，王有龄顺利地解决了漕米解运的大难题，得到了上下的一致好评，也替巡抚大人去了一块心病，巡抚大人为此允诺为他请功。王有龄自然十分欢喜，谁知一等再等，却一直没有得到什么消息，心中虽然十分着急，却又不好开口向巡抚大人询问。

王有龄百思不得其解，于是去找胡雪岩一起商量此事。胡雪岩立刻找到巡抚大人身边的一位何姓师爷，向他询问这位巡抚大人的真实想法。

原来，这位巡抚大人黄宗汉是一个十分贪婪、刻薄的人，虽然王有龄办事得力，帮他解决了问题，但想要外放州县，不给那位巡抚黄大人一点好处，这件事也不可能实现。

胡雪岩了解了巡抚大人的这一嗜好，便对症下药，主动以王有龄的名义给黄宗汉送了两万两银子。果然是有钱能使鬼推磨，没过几天，王有龄便得到了外放湖州知府的职位，并且同时兼任原海运局坐办一职。

王有龄在四月下旬终于接到了任官派令。身边的人无不劝他，尽快赶在五月初一接任。之所以会有这样的建议，理由很简单：尽早上任，便可以赶上端午节，得到"节敬"。

那么，这又是怎么回事呢？

清代的官吏制度很是昏暗，红包回扣、孝敬贿赂均是公然为之，蔚然成风。举例来说，冬天有"炭敬"，夏天有"冰敬"，一年三节还有额外收入，称为"节敬"。浙江省位于江南地区，本就是富饶之地，而湖州府更是膏腴中的膏腴，各种孝敬便更是少不了了。这便是王有龄手下的各位能人异士无不劝他赶快上任的真正原因。

王有龄想征询胡雪岩对这件事情的看法，胡雪岩说道："银钱总会有用完的一天，朋友交情却是得罪了就没得救了！"他劝王有龄放弃"节敬"，等到端午节之后再去上任。

胡雪岩给王有龄提出的这个建议是从多方面进行了考虑的：王有龄不是湖州的第一任知府，在他之前还有前任，那位在湖州府知府衙门混了那么久，就指望着端午节收"节敬"。王有龄虽可名正言顺地抢在前头接任，抢前任的"节敬"，可是这么一来，无形中就和前任知府结下了积怨，短时间看来，也许会相安无事，但这个不稳定因素说不准什么时候便会发作。万一将来在关键时刻爆发，墙倒众人推，落井下石，那可就不划算了。只要王有龄推迟一段时间上任，便相当于平白地送了一顿"节敬"给前任的知府，前任自然感恩戴德，以后行事自然会给予王有龄方便。从上面这件事不难看出，胡雪岩是凡事都为别人着想的。

其实，不止如此，胡雪岩还做了一件很让人感动的事情：

王有龄此时不仅担任着湖州知府一职，同时还兼管乌程县和海运局，纵使他有三头六臂，也不可能兼顾得当。此时，胡雪岩想走捐官的路子，但是只得到了官职，却并没有什么具体职务要做。王有龄想把杭州城里的海运局让出来，委任胡雪岩为海运局委员，也就等于是王有龄派去海运局的代理人。

也许在一般人看来，这可能是个一举两得的好办法，但胡雪岩却认为不能这样。他对王有龄说，海运局里有个周委员，资格老、辈分高，人家已经苦等这个职位很久了，原地踏步了多少年，终于有了升官的机会，我怎么能只顾自己，不考虑周委员，而去抢这个代理的职位呢？这从道义上根本说不过去。

俗话说得好，好心终有好报，周委员当代理后，无论大小事情都与胡雪岩商量，这也就等于胡雪岩成了幕后代理人，真正的权力还是属于他的。

正是因为胡雪岩这些十分仗义的举动，等于有王有龄、周委员两个人在海运局替他抬轿子，要是直接委以胡雪岩代理职务，那就等于在无形中为自己树立了一个敌人。

人们之所以称赞胡雪岩的商德，很重要的一点就是不仅不抢同行的饭碗，而且洞察人性，无论什么事情都会替他人着想。

我们可以从胡雪岩的身上得到这样一个启示：要想获得人脉，不仅仅要懂得提升别人的自我价值感，而且还要懂得事事多替他人着想。这样才能从心里打动别人，从而使他人肯与我们交往。

第七课

掌握沟通技能

沟通秘诀

戴尔·卡耐基被誉为美国成人教育之父、20世纪最伟大的心灵导师。他总结了许多与人交往的秘诀，可以帮助人们搞好人际关系。以下是其中四点秘诀：

1. 尽量让对方说话

卡耐基发现，多数人为了使别人同意自己的观点，就会说很多话，尤其是推销员。这时，应尽量让对方说话，可以因此了解对方。

所以应向对方提出问题，让对方多传达信息。如果你不同意，他便会想表达自己的看法，那样做很危险。当他有许多话急着说出来的时候，他是不会理你的。因此你要耐心地听着，宽容一些，要做得诚恳，让他充分地说出自己的看法。

因此，想要别人赞同你，应遵循的规则是：使对方多多说话。试着去了解别人，从他的观点来看待事情，就能让你获得一份友情，减少摩擦和阻碍。

记着，别人也许完全错误，但他自己并不觉得。因此，不要责备他，试着去了解他，聪明的人都会这么做。别人那么想是有原因的，找出那个隐藏的原因，你就获得了解释其行为的答案，可能那就是他的个性。

2. 强调共同目的

卡耐基指出，跟别人交谈的时候，开始先不要讨论异议，要以强调而且不断强调双方所同意的事情作为开始。不断强调你们有共同的目标，而差异只在于方法而非目的。

3. 换位思考

如果你对自己说："如果我处在他的情况下，我该怎么办？"那你就会节省不少时间及苦恼，因为"若对原因发生兴趣，结果就会令我们喜欢"。除此以外，你还将大大增加在为人处世上的技巧。

当你表现出彼此的观念和感觉都重要的时候，谈话才会有融洽的气氛。在开始谈话时，让对方选择谈话的内容和目标。如果你是听者，你要以你所要听到的内容，来引导你所说的话。如果对方是听者，你对他的观念的接受，会鼓励他敞开心胸来接受你的观念。

如果你想改变人们的看法，而又不让对方不舒服，请遵循以下规则：试着客观地从别人的角度来看事情。

卡耐基认为，你如果想要具备一种技能，使你可以阻止争执，除去不良的感觉，创造良好气氛，并能使他人注意倾听，你可以这样打开话题："你有这种感觉很正常。如果我是你，毫无疑问，我也有这样的感觉。"

这样的一段话会使脾气最坏的老顽固软化下来,而且你说这话时要非常真诚,因为如果你真的是那个人,你就会有一样的感觉。

事实上,你所遇见的每一个人,甚至你在镜子中看见的自己,都会高估自己。在作自我评价时,人总认为自己是完美的。因此,要善于换位思考,才能更好地与别人相处。

4. 委婉地提出批评

想要别人认同你的想法,请遵守一条规则:诉诸高尚的动机。与此相反,当面指责别人,别人便会反抗你,而巧妙地暗示对方注意自己的错误,则会受到欢迎。

若要不惹他人生气而使其改变,只要换两个字,效果就会不一样。

很多人在开始批评之前,都先肯定对方的优点,然后接一句"但是"再开始批评。例如,要让一个孩子专心读书,我们可能会这么说:"约翰,我们真以你为荣,你这学期成绩进步了。如果你在数学上更努力些就更好了。"

在这个例子里,"如果"之前的话会让约翰感觉很高兴。但马上,他会怀疑这个赞许的可信度。对他而言,这个赞许只是为了引出批评而已。可信度降低,也许我们就无法让他改变学习态度。

这个问题只要把"如果"改变为"而且"就好了。如"我们真以你为荣,约翰,你这学期成绩进步了,而且只要你下学期继续用功,你在数学上就能取得更好的成绩。"

卡耐基透彻地研究了人的本性,这是与人相处的基础。知己知彼,我们才能友好地与人相处。

◇ 所谓情商高，就是会说话 ◇

"我曾拜读过多部您的作品，从中受益匪浅，今天能在这里见到您，真是荣幸之至呀！"

▲ 对第一次见面的人表示尊重、仰慕，能拉近彼此之间的距离。

"你太笨了，这点事儿都办不好。"

▲ 直言直语的人不考虑听话人的感受，久而久之人际关系就会出现阻碍。

"听说你儿子被哈佛大学录取了，恭喜啊，有什么好的教育经验要和我们分享哦。"

▲ 如果你谈起对方的得意之事，并加以赞扬，对方肯定会对你大有好感。

"原来您也爱喝普洱啊，一看就是懂茶之人，我也非常喜欢喝普洱。"

▲ 敏锐地把握对方的喜好，并迅速找到共同点，有利于交谈的深入。

注意眼神

车尔尼雪夫斯基曾说:"富有表情的眼睛是最美的。"当语言无法表现丰富的内心时,当心情因为激动而起伏变化时,眼神可以将它们表现出来。黑格尔也曾指出,不仅身体的形状、面容和姿势,而且行动、语言和声音以及它们的变化,全部会在眼神中显现出来,从眼神里便可窥见人们的内心。

其实,在人际沟通中,如果用好眼神,可以在短时间内迅速捕捉住对方的心理。具体如何来利用眼神呢?以下几点可供参考:

1. 积极表现自我

说话者眼神应明亮而友善、自信而智慧,用这样的眼神告诉对方你是怎样的人,说明你的坦诚以及内在的修养。这一点非常重要。

2. 视线沟通技巧

卡耐基认为,只有在目光接触的情况下,沟通的基础才能建立起来。与别人谈话时,有些人令我们感觉自在,有些人却令我们怀疑。这样的判断,主要和他们说话时注视或正视我们视线的时长有关。

研究者指出,为了建立和谐的人际关系,与人交谈时,自己的视线应该和对方的视线相接触,接触时长应为全部谈话时间的60%~70%。那么,与人沟通的时候就应避免戴深色眼镜,因为那样会影响我们与对方的视线沟通,可能会让对方不舒服。

和人部分肢体语言一样,凝视说话对象的时间长短也受到文化背景条件的影响。南欧人谈话时,凝视对方时间较长,让人觉得有被侵略感;日本人谈话时,注意对方的颈部而非脸部。因此在下结论时,文化背景应在考虑范围内。

视线相接的时间长短值得注意,你所注视的范围也很重要,因为这对沟通效果也有影响。这些信号通过无言的传递和接收,对方会对此进一步加工以加深了解。熟练地应用下列的眼部动作,大约需要30天有意识的练习,便能帮助你更好地沟通。

(1)商谈视线。商业会谈中,请你想象对方的额头和双眼之间有一块正三角形区域。你看这个地方,会产生一种严肃的气氛,让对方觉得你是认真的。如果你的视线不下降到对方眼睛以下的位置,你就能掌握整个谈话的主动权。

(2)社交视线。看对方眼睛的下方,社交气氛便会产生。试验显示,在社交场合中,一般人会注视对方双眼和嘴巴之间的区域。

(3)亲密视线。亲密视线看的是对方脸部之外的部位。近距离时，视线在双眼和胸部之间形成三角形；距离遥远时，视线则在双眼到下腹部之间。男女之间用亲密视线来表达他们的好感，而被注视的异性若有兴趣，也会这样看回来。

（4）斜视。斜眼看人可表达兴趣和敌意。斜视如果和挑高的眉毛或微笑一起出现时，常被作为求爱信号使用，但如果和皱眉头、下垂的嘴角一起出现时，则被看作恶意。

3. 内心情感的变化

说话者在说话时，他的思想感情会根据说话内容的变化而变化。有时深沉，有时哀伤，有时激昂高亢，有时又很缠绵。然而，不管是什么样的感情，说话者都应尽可能让目光产生相应的变化，以便对方更加理解说话的内容和情感。例如说到兴奋的时候，你可以两眼放光；说到哀伤处，让眼睛呆滞一会儿，使这种情感显露出来。目光和说话内容密切配合，就能更好地传情达意。

4. 灵活控制

目光的灵活使用非常有讲究。扫视全场的环视法，可以迅速了解到听众对你说话所持的态度以及兴趣点，以便你对有关内容进行调整或即兴发挥，满足听众的需求。有时可以使用点视法，即重点观察某一局部听众，确保他们听得懂。对那些面有疑云的听众，若投以启发引导性的目光，可使其渐趋安定；若用赞许性的眼神看向想发言的人，往往会使询问者壮起胆子，提出问题；而对于开小会的人，说话暂时停顿一下，投以制止性的目光，听话者就能愧疚知错，停止讲话。

与人说话时，不能死盯住对方的眼睛，否则会令人浑身不安，甚至造成误解。另外，还要注意：你变化眼神时要有一定的目的，切忌出现那种故弄玄虚、神秘莫测的眼神。

倾听他人

喜欢炫耀是一般人的心理。不过，我们如果能利用这种心理，让对方开心地谈下去，也可以给自己带来好处。例如，在洽谈生意时，不妨让对方畅谈自己的癖好，而你则表示赞同，在对方获得心满意足后，可以使交易成功。

受欢迎的员工，大多熟知听人炫耀的技巧。詹姆斯是某公司的职员，他就是因此而人缘极佳。

当看到上司晒黑时，詹姆斯便自然地做出握网球拍的动作，于是两人便开始交谈。刚开始时，上司谦虚地说："其实我昨天收获不错。"但很快就进入状态，不时会露出得意的表情，炫耀自己的球技。这期间，詹姆斯不仅不会打断上司，还不时地投以夸赞、仰慕的目光。

上司是个钓鱼迷，虽然詹姆斯自己是个钓鱼高手，但他总在上司钓鱼回来后对他说："现在钓鱼不简单吧？"或："一天能钓上一条草鱼就不错啦！"如此一来，让上司觉得自己很厉害。

不仅是对上司，他对同事也是如此。不管是谁在詹姆斯面前得意或是自我炫耀，只要不带有恶意，詹姆斯都很有兴趣地听着。

正是由于詹姆斯非常善解人意，所以大家都喜欢和他说话，他不但不厌烦，还会给予别人鼓励，他以"听话"增加与人的亲密感，因而受到大家的欢迎。

与人交谈时，詹姆斯只是一味听，而不夸自己。比方谈到钓鱼，他同样善于此道时，也会说鱼很难钓。试想，如果他自吹自擂一番，上司可能会没兴趣再说这个话题，甚至还会嘀咕，"这家伙不可等闲视之""年轻气傲"等，引起反感，埋下日后交际沟通的恶性种子。

成功的交际沟通就是这样，无论双方谈论的话题谁强谁弱，我们作为听者都应该安静地倾听，让对方尽情地炫耀自己。把眼光放长远，我们这样做是为了建立良好的人际关系。反之，如果在人家炫耀的时候自己中途插嘴，摆出一副强者的姿态，虽有一时之快，但可能会损失无价之宝——良好的人际关系。

接电话也应微笑

我们在接电话之时，即使看不见对方，也要保持微笑。有句名言："人一悲伤会哭，因为哭就是悲伤。"我们不妨把它改一改："人一高兴会笑，因为笑就是高兴。"

的确，笑容不只表示自己心情的好坏，还会让人觉得亲切。譬如，当你心烦意乱时，心情就会变得低落，如果你能努力展开笑颜，那么，不知不觉中气氛就会轻松许多，使你更容易和别人沟通。

打电话和上面这种情况是一样的，即使对方看不见你，但笑容会使声音欢快，你的魅力也可以借助电波传给对方，促进彼此沟通。相反，若接电话时沉着脸，声音自然会沉闷凝重，让对方失去好感。由于脸部表情会影响声音的变化，所以即使在电话中，也要常抱着"对方正在看着我"的心态去应对。不管何时，笑着打电话，声音自然会把愉快传达给对方。

在接听电话的那一刻，对方态度是热情的还是冷漠的？是感兴趣还是不感兴趣？是关心的还是烦躁的？是有耐心还是没有耐心？是接受还是拒绝？是理解还是不理解……这些我们都是可以感受得到的。为什么？这是因为声音能够传递说话者的态度。

微笑着打电话，可以让对方"听"到你亲切、友善的形象，对沟通产生有利条件，给你的工作带来方便。微笑着接听电话，你就在构建一个好的形象，客户会很满意，就会和你保持长期的、忠诚的业务关系；你的同事及朋友就会感受到你的热情，认为你愿意和他们交往。否则，你的客户、朋友、同事都不会和你深交，因为他们从接听电话当中，感到你并不在意他们，便会和你保持距离！

要在通电话时展现你的微笑，要让对方在电话中感觉到你的友善和亲切。

转换思想化矛盾

某保险公司的王小姐通过电话约好了时间,对李先生进行访问。

她一进门,便开门见山地说明来意:"李先生,我这次是特地来请您和太太及孩子投保险的。"不料,李先生用一句话顶回来:"保险是骗人的勾当!"王小姐并未生气,仍微笑着问道:"噢,这还是第一次听说,您能说说您为什么会有这种想法吗?"

李先生说:"假如我和太太投保3000元,3000元现在能买一部兼容电脑,可20年后再领回的3000元,恐怕连部彩色电视机都买不到了。"

王小姐又好奇地问:"那又是为什么呢?"

李先生很快地回答:"一旦通货膨胀、物价上涨,货币就会贬值,钱也就不禁花了。"

王小姐又问:"照您的看法,10年、20年后一定是通货膨胀吗?"

李先生又迟疑了一会儿说："我不敢断定，依最近两年的情形来看，这种可能性相当大。"

王小姐再问："还有别的影响因素吗？"

李先生犹豫了一下说："比如，受国际市场的波动影响，说不定……"

接着，王小姐又问："除此之外呢？"

李先生终于无言以对了。通过这样的问话，王小姐对李先生内心的忧虑已经基本了解了。

于是，王小姐首先维护李先生的立场："您说得没错，假如物价急剧上涨20年，3000元别说买电视机，恐怕只够买两袋葱了。"

李先生听到这里，心里很高兴。但接着，这位精明的王小姐向李先生分析近年来物价改革的必要性及影响当前物价的各种因素，进一步分析我国政府绝对不会允许通货膨胀事情发生的事实。并指出，以李先生的才能和实力，未来收入肯定会有较大的提升。

这些道理，虽然李先生也不止一次听别人说过，却没有哪个比今天听起来更让人信服。最后，王小姐又补充了一句："即使物价有稍许上升，有保险总比没有保险好。况且，我们公司早已考虑了这些因素，顾客的保险金是有利息的。当然，我年纪轻轻，跟您谈这些道理，实在有点班门弄斧，还望您多多指教……"说也奇怪，经她这么一说，李先生开始面露笑容，与王小姐相谈甚欢。显然，王小姐的推销获得了成功。

这位王小姐成功的秘诀在什么地方呢？就在于她站在对方的立场上来思考，设身处地，发现对方的兴趣、要求，而后再进行引导，晓之以理、动之以情，使对方与她的想法同步，最后使之接受。如果不是做到这一点，而是仅仅针对李先生的"保险是骗人的勾当"观点开展一场"革命性的大批判"，那么，李先生显然更不会接受她的推销。

在生活中，与人交流产生矛盾时，最好的办法就是使对方认为，我们是与他站在同一立场上的。千万别认为"如果我是你"只是简单五个字而已，殊不知，它所能发挥的效力是惊人的。若不能设身处地地站在别人的角度思考，怎么能解决矛盾呢？"如果我是你"不仅能让对方觉得你与他立场一致，还能使对方接受你、喜欢你。有了这个前提，你就能成功地解决矛盾。

沟通使矛盾化解

人与人之间需要进行交流。如果没有沟通，人就会将自己封闭在狭小的空间中，建立和谐的人际关系就会出现障碍，也会由此引发一系列的矛盾和误会，给人们带来不必要的麻烦。

沟通的双方出现了矛盾和隔阂，通过巧妙的沟通就能将矛盾化解，解除不必要的困扰。

下面是发生在吴士宏身上的真实经历：

有一次，她在西安工业大学做一个演讲，当时有学生提问："打败微软是我们多年来共同的目标，而你负责微软在中国的业务，对这个问题你如何看待？"吴士宏答道："中国打破闭关锁国的状态、实行改革开放的目的不是一个一个地消灭进来的敌人。如果将打败微软作为我们的目的，那么我们只需紧闭国门就可以做到，又何必进行改革开放呢？'关门打狗'根本不是国家发展的良策，真正的强者一定是敢于走出国门在世界上进行竞争的，用自己的品牌在国际市场上占据有利地位，并不是在国门保护之下的所谓'中国微软',我们不要限制,而是要做出属于自己的民族品牌。想做出自己的民族品牌,就离不开虚心的学习,不断积累并提高自身的素质与竞争能力,纵使一路坎坷也要披荆斩棘。"吴士宏朴实直白的解释,毫不掩饰地将自己内心深处的想法表达出来,不露痕迹地回答了爱国与不爱国的问题,她的这段话赢得了全场大学生们持续的热烈掌声。

良好的沟通对增强彼此之间的认识和了解是非常有益的,很多时候误会的产生都源自人们彼此间信任的缺失,才会让第三者有机可乘。

战国时候,秦惠王手下有两位有名的谋士——张仪和陈轸,二人都得到了秦惠王的赏识并委以重任。

不久,张仪的心里就觉得不舒服了,原因就是陈轸的聪明才智和杰出能力都远在自己之上。他害怕按照这个势头长期发展下去,秦惠王就会发现自己不如陈轸而疏远自己,喜欢陈轸。

于是,一有机会他就在秦惠王面前讲陈轸的是非。

一天,张仪又向秦王进谗言:"陈轸经常作为使者出使楚国,但是现在楚国却故意和我们秦国为敌,所以陈轸肯定有私心,他借着为秦国做事其实是在为自己谋利。现在外人都知道陈轸把秦国的重要机密故意告诉楚国,而陈轸作为受您厚爱和信赖的臣子,他这样如何对得起大王的厚爱和秦国的培养呢?我觉得和这样的人共事是一种耻辱。我还听说他最近就谋划着动身去投奔楚国。

他要真有二心，大王不如早点除掉他，杀之以绝后患。"

张仪的煽风点火使秦惠王心中的愤怒再也不能抑制了，让身边的人马上通知陈轸前来。一见面，秦王直截了当地说："你不想在秦国待了，不知道你想要到什么地方去呢？不妨直说，我可以准备马车为你送行！"

陈轸完全是丈二和尚摸不着头脑，真的是一头雾水。不过很快他就明白了一部分，秦惠王既然会这么问肯定事出有因，不如直接跟大王汇报清楚："我离开之后，准备要到楚国去。"

看来传言是真的，秦王对张仪刚才的话深信不疑了，很痛心地说："这么说张仪说的是真的了？没有冤枉你。"

居然是张仪！现在陈轸已经知道了事情的原委。他没有回答关于张仪的问题，只是不急不缓地解释说："张仪知道这件事是理所当然的，可以说现在是人尽皆知呀。假如我现在背叛大王，楚王也不可能认为我对楚国忠心。我本是忠心耿耿，却无端被猜忌，除了到楚国我还能去什么地方呢？"

听了这个解释，秦王觉得合情合理，认为陈轸很有计策，但又觉得张仪的话听起来也有几分道理，便又问："如果真像你说的那样，你将秦国的机密泄露了楚王又是何故呢？"

陈轸更加镇定了，对秦王说："大王，我之所以这么做，就是按照张仪的计策来个将计就计，以此表明我对秦国的忠心！"

秦王一听，疑惑更多了，满心的疑惑都写在脸上了。

陈轸不慌不忙地讲了一个故事："有一个楚国人，他先后娶过两个老婆。有人试图勾搭那个年纪大点的侍妾，没占着便宜还被臭骂一顿。他不死心，又去找那个年轻一点的妾，但是那个年轻一点的妾却对他态度很和善。后来，那个楚国人病死了。有人就问他：'如果现在将这两个妾同时给你选择的话，你会选择哪一个侍妾？'他毫不犹豫地回答：'娶那个年纪大些的。'这个人又问他：'可是年纪大的曾经没有礼貌地大骂过你，年纪轻的喜欢你，为什么你还会坚持选择骂你的那个呢？'他说：'以她当时的年纪和地位，她能答应我是最好的了，但是她因此来教训我，可见她是一个有节操的妻子。如果做我的妻子，我当然选择对我忠贞的了，对那些图谋不轨的人能不留情面。'现在的我也是一样，大家都知道现在的我是秦国的子民，假如真如外界所传我把秦国的重要机密故意告知楚王，即便投靠楚国，楚王能对我委以重任吗？楚国会怎么看待我？那么我是否忠于大王，我想您心里肯定如明镜一般。"

听完陈轸的这番话，秦王对陈轸的疑虑早就烟消云散了，并且更看好陈轸，对他的待遇又提升一个层次。陈轸巧妙应变，化被动为主动，除了让张仪所进的谗言不攻自破之外，还赢得了秦王的信任。

陈轸无疑是一个懂得沟通、会说话的人，他懂得进行巧妙沟通的艺术技巧。假如没有这样的巧妙沟通，那么陈轸的下场自然也是可想而知的。安全起见秦王肯定会除掉他，陈轸也会死得不明不白的。

沟通是说话的学问

现代社会充斥着各种各样的信息，社会就是信息的集合体。想要完成一项重大任务离不开各个方面的有效配合，还需要来自方方面面的综合信息，用语言进行沟通最为直接有效。语言能力强，就能保证双方进行直接有效的交流，你所传递的信息也能为对方所接受、吸收，进而实现彼此交流、互利合作的初衷。反之，如果你想表达或传递的信息不能有效地被对方接收，双方的交流就会出现障碍，严重的还会中断停止，当然也不可能顺利达到预期的目的。

在现实生活中，人的讲话水平直接反映这个人的学识和修养。美国人早在20世纪40年代就提出了在世界上得以生存的三大法宝——口才、金钱、原子弹。60年代以后，又把"口才、金钱、电脑"视为最重要的东西，无论哪个时代排在首位的都是"口才"，可见它的不可替代性。

当今社会，机敏灵活、懂得沟通的人非常受欢迎。那些不懂得表达与沟通、笨嘴拙舌的人，很难在社会上立足。还有的人知识也很渊博，但就是因为不会沟通，所以一直碌碌无为、无人赏识。

沟通中蕴含着很多学问，机敏灵活、能言善辩者说话是一种艺术，不会说话的人常常会祸从口出。

有一个村干部说话直，但因为是村干部，村里有点什么大小事情都会请他去吃饭。一个村民新盖了二层小楼，为庆贺新居建成就请村民和村干部吃饭。村干部说："咱村就你一户二层小楼，这要是塌了岂不是要闹出人命吗？"主人本来心情很好，却听到了这些让人反感的话。村干部回到家后把这事讲给了太太听，太太埋怨他不会讲话，就交代他下次少说话、不要乱说话。又一次，一户村民的小孩满月了，请村民喝酒，当然也没有忘记要请村干部。出发前太太还不忘记交代他，能不说话就不要说，要不然孩子真有个三长两短还找他麻烦。他一直记着太太的嘱咐，在酒席间一直不忘提醒自己：别说话，不然孩子以后有事还要来找我麻烦。终于这顿饭局圆满结束了，主人满脸笑容地感谢村干部赏脸。走出这家大门时，村干部的金口又开了："刚才吃饭过程中我可是一句话也没说，如果哪天孩子病死了，跟我可没关系。"

老实说，在我们身边想找到这么直肠子的人也有点难度。这类人讲话太直，从来不过脑子，只要一开口就得罪人，说得好听点，这种人没有心眼儿，就是性子直，其实也没有什么坏心眼，不要和他计较，就当是一种直率吧。

坦率不应该成为不会说话得罪人的借口，只要你伤害了别人，无论出于什么原因，不管你有着怎样合情合理的理由，你都要负责。

与人相处充满了艺术，其中最大的一门艺术就是说话。管好自己的嘴，不该讲的话不要讲，即便要说也要选对时机，适当的保持沉默才是上策……这些都是高情商的具体体现。

一个具有高情商的人，能够将自己的影响力发挥得淋漓尽致，进而才能取得更大的进步。当今时代，合作是主流，合作才能双赢，沟通能力和情商息息相关，高情商的人能在上下级、同事、朋友之间游刃有余。

智商高，情商也高的人，必定会成就一番事业、春风得意。

智商不高，情商高的人，生命中不乏贵人及时出现予以帮助。

智商高，情商不高的人，总是觉得无人赏识自己这一千里马。

智商不高，情商也不高的人，最后必将一事无成，注定会失败。

情商高的人不仅知道自己的情况，还对别人的情况了如指掌，能够利用多种手段了解别人的能力，包括别人行事的动机与方法，还有性格特点。对他人的动机目的都能猜得八九不离十，并且能够根据这些做出巧妙的应对，他们对自己也有清楚的认识和判断。

沟通的艺术还强调说话的时间、地点及具体的场合。根据场合的变化，当然需要采用不同的语言表达方式，言语表达本来就没有什么一成不变的规则和程序。

　　我们不难发现，生活中那些善于沟通的人处世圆滑，上上下下都能打成一片。沟通是非常重要的。在我们的日常工作中离不开沟通，推销员由于特殊的工作性质更是要随时和客户沟通，家庭生活中夫妻二人也需要沟通。沟通的过程其实就是各种信息的传递，可以说我们的周围充斥着各种各样的信息。人本身就生活在社会中，具有社会性，人在社会中就必然面临各种复杂的人际关系，彼此的交流、帮助和娱乐都离不开沟通。懂得巧妙的沟通，我们的人际关系就会和谐，这些人脉对我们的成功也是有帮助的。但是可以确定的是，只有情商高的人才能进行有效的沟通。

　　那些成功的演说家和政治领袖总是能在人群中突出自己，高明的演说家能迅速将观众的情绪调动起来。

第八课

培养团队情商

学会分享与合作

有这样一则寓言：

有两个好多天没有吃饭的穷人，快要饿晕了。这时，一位善良的老人出现了，给了他们每人一件礼物：一根鱼竿和一篓鱼。两个人各拿了一样东西离开。得到一篓鱼的人迫不及待地吃起鱼来，没几天就把鱼吃完了。不久，他便饿死了。而得到鱼竿的人则强忍着饥饿走向海边。当他看到蔚蓝色的大海时，力气已经用尽，他最后也饿死了。

后来又有两个穷人，遇到了一模一样的情况。收到老人的礼物之后，他们坐下来商议了一番，然后一起去寻找大海。在途中，他们每天分享一条鱼。经过艰苦跋涉，两人终于来到了海边。从此，两个人合作捕鱼，并且都组建了幸福的家庭。

我们能从这则寓言中学到这样一个道理：一个人的智慧和

力量总是有限的，你要想成功，就必须学会分享和合作。

访问美国时，日本松下集团的老板松下幸之助曾被问道："美国人和日本人，您觉得谁更优秀？"这个问题比较尴尬，其他记者都觉得提问者过于冒失。但松下幸之助马上回答："美国人确实很优秀，假如一个日本人和一个美国人比试的话，美国人一定能赢过日本人。"在场的所有美国人都因为得到"经营之神"的夸奖而喜笑颜开。

不料，松下幸之助又继续说："集体的力量是日本人所看中的，他们会为团体和国家不顾一切。假如10个日本人和10个美国人比试，肯定是势均力敌，而如果将数量换成100个的话，我相信日本人将略胜一筹。"美国记者们这回全部呆了，却又禁不住暗暗夸奖。

在松下幸之助的公司里，团队精神是选拔人才的首要条件，那些特立独行却没有团队精神的员工，不管才能多大都不能进入松下集团。

在国内，集体力量成就了蒙牛集团的崛起。蒙牛集团董事长牛根生说："为了达到蒙牛人'强乳兴农'的目标，全体管理人员及员工加强配合，自动自发地工作，百分百执行，克服了各种各样难以想象的困难，所以才能发展壮大蒙牛的事业。"

集体的合作使蒙牛创造了这样的商业奇迹：十几个人，集资1000万元，在不到五年的时间内，这个企业的产值已经达到了50亿元。如此的发展速度，在整个世界上都是数一数二的。

在任何一个知名企业内部，团队精神都是十分重要的，日本著名的索尼公司正是如此。

在盛田昭夫创业初期，索尼公司是一个小企业，只拥有20多名员工。一位名叫井深大的新员工被招进来，他是优秀的电子技术专家，有着丰富的产品研发经验。当盛田昭夫要将新产品研发的重任交给他时，井深大的第一反应是拒绝："我？全权负责？我没有这个魄力啊。"

盛田昭夫却很相信井深大，他说："俗话说'好钢要用在刀刃上'，我相信你的能力，希望你发挥全力，带动其他人。你的项目对企业来说意义重大啊！"

井深大虽然是个很自信的人，但他很明白这个项目的重量，仅凭他井深大一个人的力量，不可能完成这个任务，所以他还在犹豫："我的经验还很不足，虽然我愿意担此重任，但更不想让您失望啊！"

"研发新产品原本就需要不断探索，关键是你要和大家齐心协力，要在这方面发挥你的优势！"盛田昭夫鼓励他说，"只要集合大家的智慧，什么困难不能解决呢？"

井深大有种豁然开朗的感觉："没错，我怎么这么糊涂，不是还有这么多员工吗，我为什么不能把大家的力量融合，团结大家一起奋斗呢？"

于是，井深大挑起了这个重担，开始全权负责索尼公司的产品研发。

首先，他来到市场部，在销路不畅的问题上听取销售员们的意见。销售员们告诉他："磁带录音机卖得不好是有原因的，一是每台净重达 45 公斤太笨重；二是每台售价 16 万日元，不适合普通人，结果半年了产品还是摆在柜台上。您研发的新产品，要是能够更加轻便、低廉就更好了。"井深大很赞同大家的意见。

接着，他去找信息部的同事。信息部的同事告诉他："目前美国人采用的晶体管生产技术，机身轻便，成本也低。建议您在这方面多加研究。"井深大很受启发，连忙道谢，并表示他会关注这个方向。

在新产品的研制过程中，他投身生产第一线，在和工人的紧密合作中终于攻克了一道道技术难关。在 1954 年，日本最早的晶体管收音机试制成功，成为市场上十分畅销的产品。

从此，索尼公司进入发展的新生代！作为公司的灵魂人物，井深大也就任索尼公司的副总裁。井深大在索尼公司的发展中，充分展现了灵魂人物的作用，他结合所有员工的特点开展工作，最大限度地发挥了团队的力量，因而取得了成功。

好的人际关系助成功

怎样使一滴水永不干涸,唯一的办法就是将它放入大海。一个员工,如果不能充分融入团队之中,就不能充分发挥才能,创造最大的价值。

安踏掌门人丁志忠曾说:"51%与49%,是父亲教给我的'黄金分割'比例。他使我明白做事情时都要让别人占51%的好处,自己只要留49%就可以了。一直这样下去,他人必然会认同、尊重、信任我。"

几个朋友赶路时,其中一个人拾到一把斧头,很高兴。其他人也都高兴地说:"真是好运气,我们拾到了一把斧头。"那人却纠正说:"不是'我们拾到了',而是'我拾到了'。"过了一会儿,斧头的主人追过来想要回斧头。拾到斧子的人不自觉说:"唉,我们完了。"这时一个朋友说:"不是'我们完了',而是'你完了'。"

后来,这个捡到斧头的人与大伙儿关系越来越远,大家谁也不愿意和他一起赶路，他成了个"独行侠"。

我们都知道，大雁是成群飞行的，队形不是"人"字形就是"一"字形，但更多的时候是排成"人"字。科学家通过实验证明，雁群一起飞行，和孤雁相比，能多飞72％的距离。原因是：当雁群排成"人"字形飞行时，开路的头雁翅膀扇动能引起气流，帮助两边的大雁减少飞行阻力，其他大雁也是如此，从而使雁群能在天气变冷之前到达目的地。雁群向我们揭示了一个深刻的道理：合作促进成功。

每一个企业都要求员工具有团队精神。"独行侠"式的员工，个人能力强却不善于合作，因而很难取得长期的成功。苹果电脑创始人史蒂夫·乔布斯的一段坎坷经历，就能给我们一些启示。

史蒂夫·乔布斯22岁就开始创业，仅仅用了4年时间，就把苹果公司打造成了一个市值高达20亿美元的大企业，有4000多名员工。乔布斯一时间名利兼收，许多媒体称他为创业奇才。

但接下来，乔布斯遇到的事情令人匪夷所思——他被人赶出了自己一手创办的公司。这件听起来很离奇的事情其实有很大的必然性。

乔布斯年轻气盛，具有火爆的管理风格。在苹果公司，他就像一个高高在上的国王，蔑视底下的所有员工。苹果公司的员工都视他如瘟神，甚至不敢和他同乘一部电梯，唯恐乔布斯会在短短的乘电梯时间里就炒了他们的鱿鱼。

最后，他亲自聘请的优秀经理人斯卡利也对乔布斯的跋扈忍无可忍，加上两人对公司前景看法不一，矛盾无法调和。斯卡利公然表示："苹果公司如果有乔布斯在，我就无法执行任务。"

公司董事会被迫在势同水火的两人之间做一个取舍。结果，董事会支持斯卡利，因为他更善于团结员工，发挥大家的积极性。乔布斯则被解除了一切实权，仅仅有董事长这个虚名。这一年，乔布斯仅仅30岁。

乔布斯后来回忆说："苹果是我整个成年生活的重心，我失去了它，这是毁灭性的打击。"

在被踢出局的头几个月，乔布斯的生活陷入茫然，他甚至想过要逃离硅谷，但最终他决定要在跌倒的地方重新爬起来。

自己的苹果公司解雇了自己，后来在乔布斯看来，这是他所经历过的最棒的事情。因为他在这个时候重新发现了自己的价值，并进入了创新的高潮期。他又建立了几家公司，后来其中一家被苹果收购。于是在1996年，乔布斯又重新回到了苹果公司。

此时苹果公司发展并不好，经营低迷，财政开始萎缩。1997年9月，乔布斯重返苹果公司担任CEO，开始在公司内实行各种改革。终于在次年第四个财政季度创造了近两亿美元的利润，这对于苹果来说是起死回生的成绩。

重返苹果公司的乔布斯已至中年，他仍记得当年被迫离开苹果的场景，而且他还经历了一次癌症的打击，差一点因此失去性命。因此，他的性情发生了改变。即便因企业改组的需要，不得不解雇一批员工时，他也显得相当谨慎，甚至称得上"感情用事"。

他说："这是我亲身经历的例子，这或许能改变你看问题的方法。一旦你有了孩子，就能明白人人都来自父母，应该有人像爱自己的孩子那样爱他们，这是一个简单的道理，但却被许多人忽略了。因此，现在的我解雇苹果的员工要比以前痛苦许多，但这就是工作。我设身处地地想象他们回家告诉妻儿自己被解雇的情景，以前我从未这样感情用事过。"

乔布斯，当年那个人见人怕的"瘟神"，拥有了"心慈手软"的特质，但令人诧异的是，改变之后的他更加成功，更加受人爱戴。

史蒂夫·乔布斯的才华是不可否认的，他一手创建了苹果公司，由于特立独行，不能参与团队合作，结果被赶出了自己的公司。幸亏乔布斯醒悟及时，否则世界上又要少一位连比尔·盖茨都钦佩的天才，多一个才高无德的害群之马了。

可见，才华和地位并不是成功的关键因素，缺少了团队精神，影响了公司的发展，是不会成功的。

◇ 懂得分享，学会合作 ◇

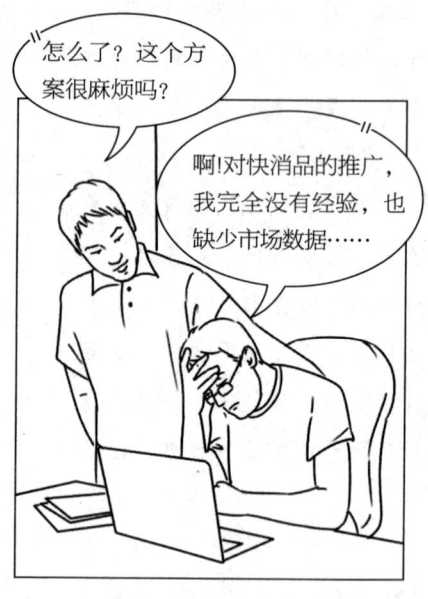

学会有效沟通

在公司中，大家的工作目标相同，彼此之间做好沟通是十分重要的。

有一则寓言说，一株树长在农夫的田里，只有麻雀和蝉停在树上休息。农夫想砍了这棵没用的树。麻雀和蝉请求农夫不要砍树，它们会以歌声回报他。农夫对此不感兴趣，继续砍树，树上很快被砍出了一个大口子。这时，一个有蜂窝和蜂蜜的树洞被农夫发现了，他尝了尝蜜，停止了砍树，并且还小心地保护这棵树。

麻雀和蝉以唱歌作为交换条件劝阻农夫砍树，完全是白费工夫，因为他们没有对症下药。而蜂蜜让农夫尝到了甜头，自然就不愿意砍树了。要想让别人听从你的意见，你必须了解并顺从他的喜好才能达到自己的目的。

在职场中，人人不同，各方面的利益更复杂，沟通的时候难免产生各持己见的情况，甚至可能导致争论。这时，我们应该把握好自己的语言。说出去的话就像泼出去的水一样，一旦产生伤害，后悔都来不及，因此，我们要使用合适的语言，掌握与别人沟通的技巧，在背后说闲话这种事是一定要避免的。一位职场资深人士说得好：不要在同事之间互相诋毁，因为你们还将在一起工作很久；不要在上司面前诋毁同事，因为上司比你看得清楚；不要在同事面前表达对上司的不满，因为比起你，他更忠于上司；不要在更高的上司面前埋怨顶头上司，因为他们的利益关系比你大。

一般来说，个人沟通障碍的产生有多方面的原因，主要是由于心理隔阂、沟通信息不准确、语言运用不当、交流时间紧迫等。

下面这个例子说明了一些道理：

有几个商人去做生意，渡江时搭乘了同一艘渔船，不料途中遇到暴风雨，眼看渔船就要被掀翻了。情况十分危急，船家下达了命令：为了保证船身不下沉，船上多余的东西必须扔掉。于是，商人的货物陆续被船家扔了下去。最后，只留下船家自己的一个箱子。

商人们见状很生气，在船家不注意的时候，合伙将那个沉重的箱子扔进了水里。不料，失去了箱子的船马上漂了起来。商人们万万没有想到，那个木箱里装满了沙石，缺少了箱子船就会翻。

本来船上的人团结一致就能过河，结果船还是翻了。其原因之一就在于船家没有及时与其他人沟通好。如果商人们很早就知道木箱的用途，就不会发生这种悲剧了。

18世纪70年代初,费城聚集了北美13个殖民地的代表,他们在协商独立大计,并决定由富兰克林和杰斐逊草拟《独立宣言》,由杰斐逊执笔。

"宣言"写好后,委员会审查他们送校的草稿。杰斐逊正值年轻又才华横溢,不愿意别人来品评他的作品。在外面等待的时候,他显得很不耐烦。老成持重的富兰克林看出他的想法,就想先劝一劝杰斐逊,但不想引起争端,于是灵机一动,就告诉杰斐逊:

一家帽店新开张,主人觉得招牌必须醒目,于是,他在招牌上写道:"约翰·汤普森帽店,制作和现金出售各式礼帽。"招牌下面则画了一顶帽子。他让朋友们评论一下。一个朋友说"帽店"和"出售各式礼帽",建议删去其中一个。另一个朋友则建议省略"制作"一词,因为顾客只关心质量和式样。第三位朋友则说"现金"二字多余,因为一般来说顾客不会赊账。最后,又有一个朋友说"出售"二字也是多余的,因为谁也不指望你白送给他。他又想了想,看到下面画的那顶帽子,建议删了"各式礼帽"。

招牌挂出的时候,上面的"约翰·汤普森"几个字格外醒目,下面画着一顶礼帽。所有人都说这是一块好招牌。

杰斐逊听了这个故事之后会心地笑了,情绪渐渐平静了下来。后来,《独立宣言》在众人精心推敲之后发布,成为经典文献。

当事人沟通技巧高超,巧妙地说服他人,实现了自己的意图,促成了《独立宣言》的诞生。

求同存异

每个人都希望一起合作的人恰好是自己喜欢的人，但由于各种原因，并不总遂人意。当不喜欢你的合作伙伴时，你要学会用一定的方法来应对。

兵法上说，敌人的敌人就是朋友，讲的就是合作。历史中也确实有这种情况，相互敌对的两个国家打得不可开交，却在第三个国家入侵一方时，联手起来反抗。其实他们考虑的是各自的国家利益。道理是一样的，有时候你和不喜欢的人有共同目标需要合作，这时候死要面子绝对不是个好办法，正确的方法应是求同存异。

哈蒙曾是全世界最伟大的矿产工程师，他是著名的耶鲁大学毕业生，又在德国弗莱堡攻读了3年硕士学位。他想在美国矿业主哈斯托那里求职。哈斯托的脾气很怪，他不喜欢那些文质彬彬的、专讲理论的矿务工程技术人员。

当哈蒙去找哈斯托时，哈斯托说："我不喜欢你的理由是因为你读了一肚子书，我想你的脑子里一定装满了一大堆智障一样的理论。我这里并不欢迎这样的人。"

于是，哈蒙假装胆怯，对哈斯托说道："您要是对我的父亲保密，我可以说实话。"哈斯托表示他可以守约。哈蒙便说道："其实在弗莱堡时，我没有做研究，我只是在工作挣钱积累经验。"

哈斯托很欣赏他，连忙说："好！这很好！这正符合我的要求，你明天就来上班吧！"

当然，不是所有的问题都能用这样一句话就可以解决。当你被迫与自己不喜欢的人合作时，以下几点需要注意：

（1）要忍让。吃亏是福，不要为了一点小事破坏关系。

（2）要主动接受对方。你主动和对方打招呼，对方就会感受到你的友好。你很客气地提出的一些问题，他们可能会考虑你的建议。

（3）要为对方着想。站在对方的角度考虑问题，从而找到最好的沟通方法。这样有助于双方关系的改善。

（4）要接受他人的独特个性。每个人的个性都是不同的，要相互尊重。切忌强迫别人接受你的观念。

（5）要去想对方做对了的事，要学会发现对方的优点。

（6）要以自己的言行去感化对方，影响对方。自己亲切的态度和方式一定能够感染对方，赢得尊重。

合作则双赢，不合作也都得不到好处，人的一生肯定会在团队中遇到不喜欢的人，如果你之前还没有学会与不喜欢的人合作的话，那么你要尽快学会。

注意团队精神

　　黑熊和棕熊都喜食蜂蜜，而且都以养蜂为生。它们各有一个蜂箱，养着同样多的蜜蜂。有一天，它们决定进行比赛，看谁的蜜蜂产的蜜多。

　　黑熊想，蜜的产量取决于每天蜜蜂对花的"访问量"。于是它买来了一套昂贵的测量蜜蜂访问量的绩效管理系统。在它看来，蜜蜂接触的花的数量就是其工作量。因此，每过完一个季度，黑熊就公布一次每只蜜蜂的工作量；同时，黑熊还设立了奖项，奖励访问量最高的蜜蜂。它从来不告诉蜜蜂们它是在与棕熊比赛，而只是让它的蜜蜂比赛访问量的多少。

　　棕熊与黑熊想得就不一样了。它认为蜜蜂能产多少蜜，关键要看它们每天采回多少花蜜——采的花蜜越多，酿的蜂蜜也就越多。于是它直截了当地告诉众蜜蜂：它在和黑熊比赛，看谁的蜜蜂产的蜜多。它也花了不多的钱买了一套绩效管理系统，测量每只蜜蜂每天采回的花蜜的数量以及整个蜂箱每天酿出的蜂蜜的数量，并张榜公布测量结果。它也设立了一套奖励制度，重奖当月采花蜜最多的蜜蜂。如果这个月的蜂蜜总产量高于上个月，那么所有蜜蜂都会受到不同程度的奖励。

一年过去了，两只熊查看比赛结果，黑熊的蜂蜜产量还不及棕熊的一半。

黑熊的评估体系很精确，但它评估的绩效与最终的绩效并没有直接关系。黑熊的蜜蜂为了尽可能提高访问量，都不采太多的花蜜，因为采的花蜜越多，飞起来的速度就越慢，每天的访问量就越少。另外，本来黑熊是为了让蜜蜂搜集更多的信息才让它们竞争，但由于奖励范围太小，为搜集更多的信息，竞争变成了相互封锁信息。而且由于蜜蜂之间竞争的压力太大，即使一只蜜蜂获得了很有价值的信息，比如，某个地方有一大片槐树林，它也不愿与其他蜜蜂分享此消息。

而棕熊的蜜蜂就不一样了，因为它不只限于奖励一只蜜蜂。为了采集到更多的花蜜，蜜蜂们相互合作，嗅觉灵敏、飞得快的蜜蜂打探哪儿的花最多最好以后，然后就回来告诉力气大的蜜蜂一起到那儿去采集花蜜，剩下的蜜蜂则负责贮存采集回的花蜜，将其酿成蜜。虽然采集花蜜多的能得到最多的奖励，但其他蜜蜂也能捞到部分好处，因此，蜜蜂之间远没有达到人人自危、相互拆台的地步。

同理，一个企业若想取得成功，员工间的相互配合和团结精神不可缺少，这样才能对企业起到推动作用。

视同事为朋友

在我们的工作环境里,与同事建立良好的人际关系,赢得大家的尊重,无疑对自己的生存和发展都有极大的好处。一个愉快的工作氛围,还可以使我们忘记工作的单调和疲倦,每天拥有好心情。

常人看来,在工作中建立的友情不够纯洁,因为同事之间存在竞争,即便表面一片和平,暗地里也是激流涌动。但这并不是绝对的,无论怎样,多一个朋友总比多一个敌人要好。若能把同事变成朋友,对你来说是百益而无一害的。

几年前,小文和小菲同时到一家银行应聘做职员,由于工作,她们经常接触,时间久了,两人自然而然地就成了朋友。

如今,虽然她们各自都已成家,但还是经常一起聚餐、逛街、泡吧。有时候,她们还相约到彼此家中走动走动,或者把各自的朋友介绍给对方,久而久之,以她俩为中心,形成了较大的交际圈。

要知道,作为上班族,每天大部分的时间都是与同事一起度过的,如果能把同事变成朋友,而你又能通过对方的人际关系结交到更多的人,那么你的人脉网将得到更好的扩充。

很多人都认为,和朋友、同事在一起,不仅能拥有更多的共同语言,而且还能增加彼此间的沟通和了解,提高工作效率。

小林在房地产开发公司任职,他说由于平时工作繁忙,加上自己周末又是最忙的时候,与朋友相聚的时间非常少。因此,他就把同事当作朋友,每当遇到不如意的事时,他会在下班后,约上几个关系要好的同事去喝茶聊天,郁闷的情绪很快就会烟消云散;遇到高兴的事,他也会约同事找个地方好好地庆祝一番。

要想让同事把你当朋友对待,你首先就要以朋友的身份去面对你的同事,以下几点需要你注意:

1. 要学会安慰和鼓励同事

当同事自己或者家中遭遇什么不幸,或是工作情绪非常低落时,往往最需要别人的安慰和鼓励。这时,你应该学会安慰和鼓励同事,他一定会对你的体贴心存感激。

2. 向同事提供善意的帮助

帮助别人是与别人建立友谊的一种有效方式,在同事最需要帮助之时,伸出援助之手,往往会让他们铭记终生,打心眼儿里感激你。

3. 有困难及时向同事求助

建立良好的人际关系的前提就是要互相帮助。你帮别人，也要在适当的时候向别人求助。有些人向来不爱求人，认为那会给别人添麻烦，但有时求助别人反而能表明你对他的信赖和重视，在一定程度上能起到融洽关系和加深感情的作用。

4. 有好事就告诉同事

在公司里有了什么喜事，你事先知道了，就告诉同事，让他们也享受这份快乐。比如逢年过节的时候，单位里经常会发一些物品、奖金等，你提前知道了，或者已经领取了，就应该告诉同事，能代领的就帮忙代领。如果你预先知道了却不吱声，那么同事就会认为你不合群，缺乏团体意识和协作精神，就不会把你当朋友对待。

5. 和同事交流生活中的一些私事

有些私事不能说，但有些私事说说也无妨。比如你的男朋友或女朋友的工作单位、学历、年龄及性格脾气等；如果你结了婚，有了孩子，就说有关于爱人和孩子方面的话题。在工作之余，都可以顺便聊聊，这样既可以加深你们之间的了解，又可以增进彼此的感情。倘若连这些内容都保密，从来不肯与别人说，又怎么能与同事成为朋友呢？

你主动跟别人说些私事，别人也会向你说，遇到棘手问题时你们还可以互相帮帮忙。你什么也不说，什么也不让人知道，人家怎么能信任你？信任是建立在相互了解的基础之上的。

尊重别人的私人空间

在与人结交的时候，要尊重别人的私人空间。一般情况下，不要做侵犯别人"领地"的事情，因为每个人都有自己的"领土意识"。这在职场里表现得尤其突出。如在办公室侵犯别人"领土范围"的方式：未经同意就坐在同事的桌子或椅子上，或坐在主管的房间里，等等。

张琪在一家公司工作已经5年了，平日里她踏实肯干，和同事的关系也非常融洽，尤其和隔壁办公室的周敏关系更要好。但自从她无意间侵入了周敏的"领地"之后，周敏就明显地疏远了她。

那天，张琪给周敏递送一份文件，恰巧周敏不在，张琪就顺势坐在了周敏的椅子上等她，无意中看到桌子上摆着的一个笔记本，就顺手翻了翻，所看到的都是一些简单的工作记录。正翻着的时候，周敏回来了，看到这样的情形她心里极其不满，虽然当时没有当面表现出来，但对张琪的态度已经变得冷淡了。

张琪的错误在于她的行为侵犯了周敏的"领土范围"。首先她不应该坐在周敏的椅子上，其次更不该翻看周敏的笔记本。虽然里面没有什么秘密，但毕竟是私人的东西，偷看了，主人肯定会不高兴。

每个人都有较强的"领土"意识，举一个很典型的例子来说明这种意识的强烈程度：家是一个人自由支配的领地，谁若未经允许闯入他人家里，轻者遭对方责骂，重者恐怕要遭一顿追打。所以，在事关"领土"的问题上，一定不要含糊。在没了解清楚情况之前，千万不要贸然闯入别人的领地，万一误入雷区，后果是无法想象的。

在职场上，我们与同事相处，一定不要冒犯对方的"领土范围"。尽管这种领土意识听起来似乎很荒唐，但在现实中确实是存在的，你不仅不能忽视它，更不能去冒犯它。